Die Philosophie des Nicht-Denkens
oder:
Der kleine Homunkulus möchte im Vorderlappen des Großhirns abgeholt werden

Elektra Wagenrad

15. Februar 2017

© 2016
Elektra Wagenrad
Zweite Auflage
ISBN 978-1-326-64412-3

Vorderes Umschlagbild:
Laboratorium mit »Apparaten zu phantastischen Zwecken«. Homunkulus in der Phiole. Famulus Wagner und Mephistopheles. Holzschnitt der Xylographischen Anstalt E. Helm zu Johann Wolfgang von Goethe, Faust. Zweiter Teil, Zweiter Akt, Laboratorium. Ausgabe von 1899 mit Bildern von Franz Xaver Simm (1853-1918), Deutsche Verlags-Anstalt Stuttgart, Leipzig

Hinteres Umschlagbild:
»De Macrocosmi historia« von Robert Fludd (1574-1637)

Vollmer: "Kennst Du das Spiel: »Ich sehe was, was Du nicht siehst?«"

Lause: "Natürlich, das haben wir doch alle als Kind gespielt..."

Vollmer: "Ich weiß etwas, dass Du nicht weißt..." Nach einem gedankenvollen Schweigen setzt Vollmer fort: "... wenn die Menschen davon erfahren würden, wäre es das Ende dieser Welt."

Rainer Werner Fassbinder: "Welt am Draht"

Inhaltsverzeichnis

1 Vorrede   **7**

2 Die Thesen dieser Streitschrift   **11**

3 Die Glücklichen   **23**
    3.0.1 Das Arbeitsgedächtnis und die Zahl 7 27
    3.0.2 Das Gegenteil von Flow 30
    3.0.3 Hier spricht der Geist von Ur-Nammu 34

4 Zwei Arten von Bewusstsein   **41**
    4.0.1 Bewusstsein Nummer Eins – das »unbewusste«
          Bewusstsein 43
    4.0.2 Bewusstsein Nummer Zwei 48
    4.0.3 Urknall des Bewusstseins 48

5 Denken, ohne zu denken   **55**
    5.0.1 Der Homunkulus-Trugschluss 62

6 Kränkungen der Menschheit   **67**
    6.0.1 Die kopernikanische Wende 68
    6.0.2 Die darwinsche Wende 69
    6.0.3 Die neurobiologische Wende 69

7 Schlusswort   **79**

Kapitel 1

Vorrede

Im Laufe der Evolution haben unsere Vorfahren damit begonnen ein komplexes System von Symbolen zu entwickeln – einen Code für komplexe symbolische Kommunikation. Dieser Code – unsere Sprache – ist kein greifbarer Gegenstand, sondern nur ein Verfahren, aber die Entwicklung dieses Verfahrens hat unserer Spezies einen enormen evolutionären Schub verschafft.

Leider hat sich im Zuge dieser Entwicklung ein Betriebsunfall ereignet. Seit einem unbekannten Zeitpunkt in der Vergangenheit suchen Menschen in ihrem eigenen Code nach Weisheit. Bei diesem Ansinnen handelt es sich um einen elementaren Denkfehler, denn der Code selbst hat überhaupt keine Kenntnis von den Informationen, die wir darin suchen. Die Suche nach Weisheit im Dialog mit der eigenen Sprache ist eine vergebliche Liebesmühe, denn auch ein komplexer Code ist eben nur ein Code – ein Code ist keine eigene, selbständig denkende oder handelnde Sache. Der Code weiß selbst nichts von seiner Bedeutung, denn »er« ist kein Lebewesen. »Er« ist nicht einmal ein Objekt, das dazu in der Lage wäre, uns stumm auf dieses Missverständnis hinzuweisen. Ohne ein menschliches Wesen, das den Code interpretiert, ist ein gedrucktes Buch nur Kleckse auf Papier. Wenn niemand Informationen durch den symbolischen Code zwischenmenschlicher Kommunikation ausdrückt und damit von anderen verstanden wird, entsteht überhaupt kein Code in menschlicher Sprache und »er« bewirkt auch nichts – »er« erklärt nichts, tut nichts, verändert nichts, will nichts, weiß nichts, hat keine Bedürfnisse. Trotzdem haben einige unserer Vorfahren angefangen, ihren eigenen Code zu vergöttern, so als ob der Code ein selbständig denkendes Wesen von erhabener, höherer Intelligenz geschaffen hätte, mit dem es sich lohnen würde, in einen inneren Dialog einzutreten. Die Tatsache, dass wir uns selbst den Besitz einer erhabenen, metaphysischen Intelligenz durch diesen Code zuschreiben, ist eben nur eine Zuschreibung – nichts weiter.

Genauer: Es ist ein Wahn, durch den ein historischer Berg von Irrtümern und menschlichen Katastrophen entstanden ist. Die ungeheure und absolute Mehrheit der Menschen sucht immer noch in ihrer Sprache nach Weisheit, und da die allermeisten Menschen zu ihnen gehören und sie sich dabei in ihrer imaginären, intelligiblen Welt der »höheren« Wahrheiten wie in einem undurchdringlichen Labyrinth verirrt haben, ist es mir leider unmöglich, die weit überwiegende Mehrheit der Menschen noch ernst zu nehmen. Die Suche in der eigenen symbolischen Kommunikation nach Weisheit, nach Geheimnissen, nach absoluten Prinzipien, mit denen man meint die Welt erklären zu können – ist Philosophie. In der Philosophie haben sich drei Grundströmungen gebildet. Die Monisten meinen, es gäbe nur ein Prinzip, mit dem man die Welt erklären könnte. Zu ihnen gehören die Materialisten und Physikalisten. Thales von Milet (um 624 v. Chr.; † um 547 v. Chr.) war einer der ersten Monisten. Er glaubte, dass das ganze Universum aus »Wasser in fester und flüssiger Form« besteht. Dagegen meinen die Dualisten, es gäbe zwei Prinzipien – eine geistige Ursache und eine materielle Ursache – durch die man das Universum erkären könnte, wenn man beide Prinzipien erkannt hat. Als dritte Strömung meinen die Pluralisten, dass es mehr als zwei unterschiedliche Prinzipien, Systeme oder Sprachspiele geben müsse, mit denen man die Welt erklären kann. Egal ob Monisten, Dualisten oder Pluralisten. Alle drei Glaubensrichtungen suchen in ihrem eigenen Code nach der letzten, größten Weisheit. Die Mehrheit stellt die Gruppe der ontologischen Dualisten, die bis heute an die Welt der Geister (ein populärer Geist ist der monotheistische Gott der abrahamitischen Religionen) und an die Welt der Materie glauben. In ihrer Weltanschauung sind die Geister von übernatürlicher Natur, die Materie dagegen nur tote Materie, die ohne die Geisterwelt zu nichts gut wäre. Mittlerweile bildet sich eine neue Spielart des Dualismus heraus: Der cryptologische Dualismus. Die cryptologischen Dualisten glauben nicht mehr an Geister und Materie. Für sie sind Menschen nicht mehr Körper und metaphysischer Geist, sondern Hardware und Software. Sie denken sich den menschlichen Körper als ein biologisches Substrat, einen biologischen Organismus, in dem eine Software läuft – ein Betriebssystem, das durch das Verfahren der komplexen symbolischen Kommunikation im Gehirn entstanden ist. Der göttliche Geist der Vergangenheit ist für sie keine übernatürliche Sache mehr, sondern nur ein Code in menschlicher Sprache, der den Organismus – die biologische Maschine – beherrscht und angeblich zu einer höheren Form der Existenz führt. Das Verfahren der zwischenmenschlichen symbolischen Kommunikation wird dabei immer noch als verselbständigt betrachtet und als »höheres Prinzip« angesehen. Ich betrachte die Gedankenwelt meiner Mitmenschen als ein Irrenhaus, gleichzeitig bin ich aber der Ansicht, dass diese Krankheit heilbar ist. Der aus diesem Buch abzuleitende Vorschlag ist ganz einfach: Hört auf, in Eurem sprachlichen Code nach Weisheit zu suchen. Kommt wieder aus Eurer virtuellen Innenwelt heraus und kehrt mit Eurer Wahrnehmung zurück zum Raumschiff Erde. Ich darf daran erinnern, dass wir mit rund 107.208 Kilometern pro Stunde um eine kleine gelbe Sonne kreisen, während die Sonne mit 864.000 Kilometern pro Stunde um das Zentrum unserer Galaxis kreist. Es gilt, einiges an Bord wieder zu reparieren und aufzuräumen, das im Verlauf dieses Betriebsunfalls der menschlichen Evolution kaputt gegangen ist. Beenden wir den Tumult und die Verwirrung durch die absurde Idee des menschlichen »Geistes«.

Es ist allerhöchste Zeit. Bei dem Ihnen vorliegenden Text handelt es sich um eine Streitschrift, darum ist der Umfang bewusst knapp gehalten. Aus meiner Sicht betrachte ich es nicht als Übertreibung, wenn ich folgendes über den Inhalt sage: Wenn der Inhalt dieses Buches populär werden würde – das ist ein großes Wenn – dann würde die Gesellschaft neu starten. Ich habe die schwache Hoffnung, das noch erleben zu dürfen.

Berlin, den 15. August im Jahr 46 nach Unix[1]
Elektra Wagenrad

---

[1] Entspricht dem Jahr 2016 nach christlicher Zeitrechnung.

Kapitel 2

Die Thesen dieser Streitschrift

Der höchste Weg ist Weite und Klarheit. Er ist weder einfach noch schwierig, nur ohne Wahl.

Personen mit eingeschränktem Blick sind ängstlich und unentschlossen: Je mehr sie sich anstrengen, desto langsamer kommen sie voran.

Sich an die Idee der Erleuchtung zu klammern, bedeutet in die Irre zu gehen.

Verweile nicht in dualistischen Anschauungen; vermeide unbedingt, ihnen zu folgen. Willst Du die Wahrheit erkennen, kümmere Dich nicht um wahr oder falsch. Um wahr oder falsch zu streiten, ist Krankheit des Geistes.

Je mehr Worte und Gedanken im Strom des Denkens sind, desto weniger entsprechen sie der Wirklichkeit. Ist der Strom des Denkens unterbrochen, gibt es keinen Ort, der nicht durchdrungen ist. Wenn keine diskriminierenden Gedanken mehr entstehen, hat der alte Geist aufgehört zu existieren. Alles ist weit, klar und leuchtet von selbst, ohne die Anstrengung des Geistes.

– Jiànzhì Sēngcàn (China, ca. 518-606 n. Chr.)

KAPITEL 2. DIE THESEN DIESER STREITSCHRIFT

Ich mag Theorien, die man mit wenigen Sätzen umreißen kann. Beginnen wir also dieses monologische Gespräch mit ein paar provokanten Thesen. Ich hoffe, Sie lassen sich nicht davon abschrecken, auch wenn Ihnen vieles zunächst noch unverständlich erscheint. Lesen Sie einfach weiter. Es wird sich klären.

1. Die Tatsache, dass man im Gehirn spricht, bedeutet nicht, dass man denkt – sondern nur, dass man redet. Da man dabei alleine redet, heißt das, dass man für sich alleine spricht – sofern man nicht religiös (mythische Geistwesen hören zu) oder paranoid schizophren (Geheimdienste hören zu) oder beides ist. Entweder redet man bei einem solchen Gespräch im Kopf vor sich hin oder man redet dabei zu sich selbst. Ist letzteres der Fall, dann scheint es so, als würde unsere Sprache uns gegenüber ein eigenes Bewusstsein besitzen, das sich uns durch sprachliche Symbole offenbart. Ich nenne diesen Vorgang einen Akt des »metaphysischen Symbolismus«[1].

2. Man kann nicht sagen, was man nicht weiß. Es gibt Probleme, die man durch bewusstes Nachdenken im Vordergrund des Bewusstseins nicht lösen kann und es gibt Denkfehler, die nur durch das bewusste Nachdenken entstehen. Diese Denkfehler lassen sich oft durch die unbewusste und unbeobachtete Tätigkeit des Gehirns im Hintergrund des Bewusstseins ausräumen. Dazu braucht es keine bewusste innere Anstrengung, sondern innere Ruhe, Intuition und Zeit, da auch das Gehirn kein Organ mit unendlicher Kapazität ist. Der Inhalt dieser Streitschrift

---

[1]Ich verwende »metaphysischen Symbolismus« als Begriff für den Glauben an verbale Autokommunikation. Die Metaphysik ist eine Unterweisung (Lehre), die davon ausgeht, dass wir durch die innere Beschäftigung mit sprachlichen Symbolen (Intellekt) Zugang zu Informationen jenseits unserer Sinne (Wahrnehmung) – dem Übernatürlichen – gewinnen können. Dahinter steht der Wunsch eine höhere Stufe des Bewusstseins zu erreichen, die über unser biologisches Bewusstsein hinausgeht. Grundlage der Metaphysik ist eine Vergötterung des symbolischen Systems der Sprache, durch die sich Informationen (Dinge, Zusammenhänge, Vorstellungen) konstruieren lassen, die faktisch nur innerhalb des symbolischen Systems existieren. Diese Informationen sind im philosophischen Sinn »intelligibel«, d.h. nur durch den Intellekt und nicht durch sinnliche Wahrnehmungen zu erkennen. Metaphysiker glauben, dass die auf diese Weise konstruierten Informationen tatsächlich einen Nutzwert haben und zu tieferen Erkenntnissen führen, beziehungsweise tiefere Erkenntnisse sind. Eine Auffassung, die ich nicht teile. Im metaphysischen Symbolismus wird daher – ob nun bewusst oder indirekt unbewusst – Symbolen eine übernatürliche, magische, bewusstseinserweiternde Funktion unterstellt.

stellt aus Sicht der Autorin eine solche Fragestellung dar, die sich durch Nachdenken nicht lösen lässt. Die Philosophie des Nicht-Denkens liegt jenseits des Denkens. Das bedeutet, dass sie nur dann zugänglich wird, wenn es gelingt, sie testweise vom Standpunkt des Nicht-Denkens aus zu betrachten. Dieses Dilemma lässt sich nicht so ohne weiteres lösen. Der Versuch, durch bewusste, willkürliche Aktivität im Vorderlappen des Großhirns Erkenntnisse zu produzieren, ist von vornherein zum Scheitern verurteilt. Das Gegenteil ist der Fall: Stellt man die bewusste, willkürliche Aktivität im Vorderlappen des Großhirns probehalber ein, stellen sich langsam die Erkenntnisse ein. Es ist der Autorin völlig klar, dass dieser Hinweis nur wenige Leserinnen und Leser davon abhalten wird, bewusst über diese Streitschrift nachzudenken. Es ist dem Verständnis aber nicht dienlich.

3. Der Gedanke, sich selbst durch die Macht der inneren Sprache zu beherrschen, ist keine Leiter, über die man zu einer höheren Form des Daseins hinaufsteigen kann, sondern eine fixe Idee. Es wäre der Menschheit viel Leid und Elend erspart geblieben, wenn sie sie unbenutzt in die Ecke gestellt hätte.

4. Wir werden seit einem unbekannten Zeitpunkt der Geschichte von der Illusion eines »höheren Bewusstseins« beherrscht. Der Geist ist das unsichtbare Gefängnis des Körpers. Vergessen Sie Platon und andere, die das Gegenteil behauptet haben!

5. Etwa 99,99 Prozent aller sprachbegabten Menschen reden im Kopf mit sich selbst. Das gilt auch für Gehörlose, die schon von Geburt an gehörlos waren. Der Unterschied ist nur, dass sie es in Zeichen- und Gebärdensprache tun. Dem entsprechend erscheinen die für Erkrankungen aus dem schizophrenen Formenkreis typischen Botschaften von Stimmhalluzinationen bei Gehörlosen als gebärdende Personen oder in geschriebener Sprache.

6. Wir haben uns als Menschen so sehr durch die Errungenschaft zwischenmenschlicher symbolischer Kommunikation begeistert, dass wir Sprache als eine eigene, zweite und höhere Intelligenz betrachten, mit der wir in einen virtuellen Dialog treten, sie personifizieren und mit der wir uns identifizieren.

7. Durch das symbolische System der Sprache ist ein virtueller Raum in unserem Zentralnervensystem entstanden – so etwas wie das Holodeck im Sciencefiction »Star Trek«. Die meisten Menschen identifizieren sich mit einem Avatar ihrer selbst in diesem virtuellen Raum, so dass sie ihre physikalische Existenz nahezu vergessen und gering schätzen. Manche Menschen virtualisieren darin sogar mehrere konkurrierende Avatare ihrer selbst und manche Menschen halten den Hauptavatar ihrer selbst sogar ernsthaft für unsterblich. Bei einem Gehirnscan sieht man bei diesen Menschen ein hyperaktives Sprachzentrum, ausgelöst durch einen chronischen zerebralen Sprechdurchfall. Diese Menschen benutzen nur einen Bruchteil ihres Nervensystems, um dem überwiegenden restlichen Teil gründlich auf die Synapsen zu gehen. Diese Minderheit der Neuronen behauptet dreist, der »Herr im Hause« zu sein, beansprucht den Ton anzugeben, die Welt zu erklären und auf alle Fragen mindestens eine Antwort zu wissen.

8. Alle Menschen, die sich selbst Fragen stellen und den ernsthaften Versuch unternehmen, darauf durch bewusst herbeigeführte gedankliche Tätigkeit Antworten zu bilden, sind im eigentlichen Sinne Philosophen, auch wenn sie diese Einschätzung vielleicht weit von sich weisen würden. Die Methode des inneren diskursiven Monologs oder Dialogs ist eine konventionelle Methode des Denkens. Ich persönlich bin aber in diesem Sinne keine Philosophin, da ich das nicht tue: Ich stelle mir keine Fragen und ich versuche auch nicht, sie mir durch Nachdenken zu beantworten. Ich denke durch Nicht-Denken. Sich selbst Fragen zu stellen und sich durch Nachdenken zu bemühen, Antworten zu finden ist ein bewusster und willkürlicher Akt, der kulturell geprägt und sprachlich geformt ist. Diese beliebte Methode des Denkens greift in die natürliche, selbstständige und ursprüngliche Form des menschlichen Bewusstseins ein. Ich lehne das ab. Ich bin der Meinung, dass das Gehirn auch ohne willkürliche Interaktionen durch ein virtuelles Meta-Ich sehr gut zu recht kommt – jedenfalls wesentlich besser, als wenn ich durch die Illusion eines kulturell geprägter Avatars eingreifen würde. Ich weiß das aus persönlicher Erfahrung. Dieser Zustand des Gehirns heißt im Zen-Buddhismus Hishiryō – »Kein-Denken« und ist dort das Ziel meditativer Übungen.

9. Die Autorin hat also das Gebäude der Philosophie verlassen und betrachtet es von außen. Nur die Philosophinnen und Philosophen, die

ihrerseits das Gebäude der Philosophie verlassen, wissen wie es tatsächlich von außen aussieht. Wer sich etwas nur vorstellt, hat es in Wirklichkeit nie gesehen. Ich betone aber, dass ich keine Anhängerin des Zen-Buddhismus bin und Meditationen wie das Zazen (jap. 座禅, dt. »Sitzmeditation«) für unsinnig halte. Zwar haben Meditationen das erstrebenswerte Ziel, zu einem beglückenden Zustand von innerer Ruhe im Kopf zu führen, den ich »Serenität«[2] nenne – ich halte es aber für zielführender, der Ursache für die innere Unruhe auf den Grund zu gehen: Die meisten Menschen belästigen ihre Gehirne mit Fragen und Selbstgesprächen in ihrem Kopf und reden dort mit einem imaginären Geist. Um innere Ruhe zu erreichen, empfehle ich daher, die eigenen Fragen prinzipiell zu ignorieren und ihnen nicht durch bewusst herbeigeführte innere Anstrengungen im Vordergrund des Bewusstseins nachzugehen – denn wer sich selbst ernsthaft Fragen stellt, begibt sich in das unauflösliche Dilemma, mit der eigenen Sprache einen Dialog führen zu wollen. Es gibt keinen kausalen Zusammenhang für die Annahme, dass die Worte, die bei einem Selbstgespräch vorgetragen werden, zu einem höheren Bewusstsein mit einer erweiterten Wahrnehmung führen. Bei Selbstgesprächen entsteht der Inhalt der Nachrichten auf dem Übertragungsweg zwischen Adressant und Adressat, da beide im gleichen Gehirn wohnen. Wissen erweitert sich durch Kommunikation zwischen Individuen und nicht durch verbale Kommunikation innerhalb eines Individuums. Der positive Aspekt zwischenmenschlicher Kommunikation verkehrt sich ins Gegenteil, wenn er nach innen gerichtet wird. Kommunikation bedeutet »teilen« – aber wenn sich ich und ich ein Bier teilen, heißt das, dass ich es alleine trinke. Meine Fragen sind nicht für mich. Meine Antworten sind nicht für mich – denn sie kommen von mir. Alle Fragen, die ich mir stellen kann, sind deshalb rhetorische Fragen und rhetorische Fragen werden nicht beantwortet. Wer die eigenen Fragen nicht ignorieren kann, begibt sich dagegen in eine rekursive, regressive Schleife – ein Paradebeispiel für ein Dilemma, das man durch nachdenken nicht auflösen kann.

10. Wenn unsere Gehirne so primitiv wären, dass wir dazu in der Lage wären, sie zu steuern, wären wir gleichzeitig so dumm, dass wir es nicht könnten. Das menschliche Gehirn ist eine derartig komplexe Struktur im Universum, dass es noch einer weitaus größeren und komplexen

---

[2]Siehe auch: »Serenität – Anleitung zum Glücklichsein«

Struktur im Universum bedürfte, um die Handlungen unseres Gehirns zu analysieren, zu planen und zu steuern. Das heißt: Weder die Prozesse im Vordergrund unseres Bewusstseins noch das Gehirn selbst kann sich selbst im positiven Sinne steuern. Man kann nur beschränkend und hemmend eingreifen. Für ein Individuum, das sich bereitwillig einer solchen Gehirnwäsche aussetzen lässt, ist das definitiv nachteilig. Es ist zutiefst bedauerlich, dass der weitaus überwiegende Teil der menschlichen Gesellschaft das permanent aus ideologischen Gründen versucht, um irgendwelche höheren Ziele zu erreichen und damit grandios scheitert.

11. Im Gegensatz zum allgemein vorherrschenden Glauben an die Erhabenheit des dualistischen menschlichen Geistes kann man sich durch virtuelle Avatare nicht selbst helfen. Der beliebteste Avatar schlechthin ist das eigene Ego. In der hinduistischen Kulturtradition glaubten die Veden an das Erscheinen eines Zeitalters namens Maya, in dem die Menschen von der Illusion eines falschen Egos beherrscht werden. Die Illusion des Egos nannten sie »Ahamkara« – »Ich bin der Handelnde«. Franz Kafka hat das sehr schön in dem Bild von der Schlange entlarvt. Kafkas Schlange sagt zu uns: »Mache Dich selbst zum Herrn über Deine Handlungen.« Nun sind wir aber schon immer die Herrinnen oder Herren unserer Handlungen gewesen, und zwar ohne dass wir darüber überhaupt hätten nachdenken müssen. Das Ansinnen der Schlange ist also, dass wir uns die Idee der Herrschaft über uns selbst als gedankliches Konstrukt im Sinne ihrer Interessen einreden lassen. Nicht alles, was Menschen lernen können, ist deswegen gut. Man kann zum Beispiel lernen rassistisch zu denken. Ebenso kann man lernen, den Stimmen von anderen Menschen hörig zu sein oder der eigenen, inneren Stimme im Kopf hörig zu sein. Beides bedeutet, dass man Unfreiheit erlernt.

12. Aus den zuvor genannten Punkten folgt, dass wir gar keinen freien Willen haben, sondern dass die Illusion des freien Willens ein Produkt des metaphysischen Symbolismus ist und dass wir als biologisch determinierte Wesen nur innerhalb unserer biologisch determinierten Natur frei sein können. Man kann nicht wollen, was man will. Ein solcher Wille ist Selbstbetrug. Der Glaube an den freien Willen ist in den Neurowissenschaften längst erschüttert. Die Mehrheit der Weltbevölkerung in der Gegenwart weiß davon aber entweder noch nichts, sie verdrängt es oder sie tut sich schwer damit, es zu akzeptieren, da sie sich – völlig

zu Unrecht – vor den Auswirkungen dieser Erkenntnis fürchtet.

13. Es ist gefährlicher Unsinn zu sagen: "Mein Gehirn. Mein Körper – usw." Entweder sind wir das Gehirn, sind wir der Körper – oder wir sind es nicht. Wenn wir in unserer Sprache so über uns reden, als wären wir das Eigentum unserer Sprache ist das ein seltsames Paradoxon. In mir wohnt niemand und ich gehöre niemand, auch und insbesondere nicht der Stimme, die sagt: "Hier spricht das zerebrale Sprachausgabesystem im Vorderlappen des Großhirns von Elektra Wagenrad. Meine Herrin und Meisterin ist gerade nicht anwesend. Bitte hinterlassen Sie eine Nachricht. Vielleicht rufen wir Sie später zurück."

14. Die Gewissheit eines inneren Selbst, durch das man sich selbst zu kontrollieren glaubt, ist internalisierte Kontrolle – eine Technik der Entfremdung.

15. Intelligenz im Allgemeinen und neuronale Netze im Besonderen kann man nicht programmieren, sondern nur trainieren. Das gilt insbesondere für das menschliche Gehirn. Man kann das menschliche Gehirn nicht programmieren, ohne es zu verblöden. Weder wenn man die Absicht hat sich selbst zu programmieren, noch wenn man sich – freiwillig oder unfreiwillig, mündig oder unmündig – von anderen programmieren lässt.

16. Ein politisches System, dass davon abhängig ist Individuen zu verblöden, ist keine Demokratie.

17. Die Idee der Erziehung zur Sittlichkeit ist es, schon im Kindesalter Regeln des Denkens und des Verhaltens zu verinnerlichen, die von der Mehrheit diktiert werden. Dabei handelt es sich um eine Mehrheit, die schon vorher durch den selben Initiationsprozess gegangen ist. Das hat viel mehr mit Herdengefühl, Kriecherei und Furcht vor Strafe zu tun als mit Sinnhaftigkeit. Durch diesen Eingriff in das menschliche Wesen gehen Freiheit, Selbstbewusstsein, Intelligenz und Kreativität verloren.

18. Unmündigkeit beruht auf dem Mangel des Vertrauens in das selbstständige, wilde und unkontrollierte Denken des eigenen Nervensystems. Mündigkeit ist der natürliche Zustand eines erwachsenen Gehirns, in dem kein Pseudobewusstsein vorgespiegelt wird. Wenn ein Mensch einer sozial verinnerlichten Programmierung gehorcht, eine verinnerlichte Selbstzensur anwendet oder unter der Anleitung Dritter »denkt«, han-

delt es sich um erlernte Unmündigkeit. Ich könnte nun in Anlehnung an Immanuel Kant dazu aufrufen »vom eigenen Gehirn ohne die Anleitung Dritter Gebrauch zu machen«. Ich schreibe das aber bewusst nicht, denn ein solcher Aufruf würde sich an die Illusion einer konstruierten Zweiheit, von »Leib und Seele«, Gehirn und innerem Homunkulus (= kleines, künstliches Menschlein) wenden. Damit würde ich Sie, liebe Leserinnen und Leser, in die Irre führen und suggerieren, dass in Ihrem Kopf doch jemand wohnt, der sie innerlich beherrscht und den Sie darum bitten könnten, etwas sinnvolles zu planen und auszuführen.

19. Dieses Buch wendet sich nicht an ein »höheres (metaphysisches) Bewusstsein«, den inneren Beobachter oder kartesischen Homunkulus im Vordergrund des Bewusstseins, der sich einredet: »Ich spreche in meinem Kopf, also bin ich im eigentlichen Sinne das Bewusstsein dieses Körpers. Ich denke, also bin ich.« Dieses Buch wendet sich direkt an Sie, sehr geehrtes Zentralnervensystem.

20. Ein ozeanisches Bewusstsein zu haben bedeutet: »Ich habe mich der biologischen Maschine zu ergeben, die ich bin.« Ich bin das Unbewusste, das »Es« im Strukturmodell der menschlichen Psyche von Sigmund Freud. Paradoxerweise bin ich mir dessen bewusst. Ich habe weder ein Ich, noch ein Über-Ich – aber ich weiß, was Personalpronomen sind und ich werde sie benutzen ;)

21. Die meisten Menschen versuchen, in die Prozesse der Informationsverarbeitung in ihrem Gehirn willkürlich einzugreifen und so die Teile des Puzzles zu sortieren. Wenn man aber die Hand aus dem Spiel nimmt, ordnet sich das Chaos von selbst. Das ist, wenn Sie so wollen, der »Gottmodus des Bewusstseins«.

22. Die Neurologie unterscheidet zwischen endogenen (von innen kommenden) und exogenen (von außen kommenden) Ursachen für Probleme des Zentralnervensystems. Exogene Ursachen sind physiologische Einwirkungen wie Gifte, Tumore, Verletzungen, d.h. Störungen der »Hardware«. Endogene Ursachen sind nach allgemein vorherrschenden Verständnis – Verzeihung – Fehler der »Software«. Aus den bereits genannten 21 Punkten geht hervor, dass ich den Glauben an eine Software – den ontologischen und den cryptologischen Dualismus – an sich für einen Fehler des Denkens und damit für ein endogenes Problem, eine fixe Idee halte.

23. Endogene psychische Erkrankungen entstehen durch die Vorstellung, Prozesse im Vordergrund des Bewustseins durch eine innere Anstrengung des Willens zu erzeugen, zu regeln und steuern zu müssen. Die Betroffenen leiden unter dem Glauben, sie müssten in die Tätigkeit ihres Gehirns willkürlich eingreifen, um damit beispielsweise ihre »bösen Gedanken« im Zaum halten, damit sie nicht die Oberhand übernehmen. Dieser absurde Kontrollwahn ist die Hauptursache ihrer Probleme. Je mehr sie sich bemühen, in die Prozesse in ihrem Kopf durch innere Anstrengung einzugreifen, desto absurder und zahlreicher werden ihre »Gedanken« und desto mehr Macht gewinnen sie. Sie befinden sich in einem Teufelskreis.

24. Wenn die Menschen den Zustand des ozeanischen Bewusstseins des Nicht-Denkens (Tao) erkennen würden, würde der Himmel jeden Tag süßen Honigtau regnen. (Lao-Tse)

25. Echte Gefühle, echte Gedanken sind ein rein passiver Sinn des Erlebens. Wer annimmt, dass die eigenen Gedanken und Gefühle durch bewusste innere Anstrengungen erzeugt, kontrolliert, zensiert und gelenkt werden müssen, ist weder frei noch »selbstbestimmt«, sondern wird durch die Macht seiner inneren Sprache gesteuert, die das Ergebnis einer kulturellen Indoktrination ist.

26. Dieser Satz enthält mehrere logische Fehler: »Einen freien Willen hat der, der sich selbst beherrschen kann.« Das Strafrecht unterstellt Straftätern, dass sie sich gesetzeskonform verhalten hätten können, wenn sie nur gewollt hätten. Straftäter werden also dafür bestraft, dass sie die Willensfreiheit nicht so angewendet und ausgelegt haben, wie das von den Verfassern der Gesetze vorgesehen wurde. Wir kommen – auch angesichts der Erkenntnisse der Neurowissenschaften – um eine Neubeurteilung des sogenannten »freien Willens« nicht herum. Bereits am Ende des 19. Jahrhunderts sind Kriminologen durch die Auseinandersetzung mit dem philosophischen Gedankenexperiment des Determi-

nismus[3] zu dem Ergebnis gekommen, dass der Glaube an die absolute Willensfreiheit eine »staatsnotwendige Fiktion« ist. Man hat es aber damals aus politischen und pragmatischen Gründen vorgezogen, diese Fiktion weiterhin für substanziell zu halten, weil das juristische Gebäude des Strafrechts ansonsten in sich zusammengefallen wäre. Mittlerweile sind die Neurowissenschaften durch eine Reihe von Experimenten, wie sie u.a. von Benjamin Libet, John Dylan-Haynes und anderen durchgeführt wurden, ebenfalls zu dem Ergebnis gekommen, dass der Glaube an die absolute Willensfreiheit als widerlegt gelten muss[4]. Nun streitet man sich darüber, wie sehr die Idee der absoluten Willensfreiheit relativiert werden muss. So hat bereits das Experiment von Libet aus dem Jahr 1979 mit Elektroenzephalogrammen gezeigt, dass unser Gehirn eine Entscheidung längst vorbereitet und bereits getroffen hat, bevor unser »Verstand« sich dünkt, er hätte das jetzt gerade so und so entschieden. Daraufhin wurden Versuche angestellt, in denen es darum ging, dass sich die Probanden durch ihren »Verstand« bewusst gegen eine Entscheidung ihres Gehirns entscheiden sollten. Mit dem vernichtenden Ergebnis, dass auch die Entscheidung, sich gegen eine einmal getroffene Entscheidung zu entscheiden, von der unbewussten Tätigkeit des Gehirns vorbereitet werden muss, bevor der »Verstand« glaubt, diesen Schritt eingeleitet zu haben. Wie könnte es auch anders sein?! Wir stehen als menschliches Kollektiv vor dem Ende einer gewaltigen Illusion.

Diese Experimente haben zur Bildung von zwei wesentlichen Lagern in den Neurowissenschaften geführt. Die eine Fraktion ist davon überzeugt, dass der Verstand nichts weiter als eine innere Erzählstimme ist,

---

[3] Der Determinismus geht von der theoretischen Annahme aus, dass man vorausberechnen könnte, was in nächsten Augenblick in diesem Universum geschieht, wenn man alle Informationen über den gesamten Ist-Zustand des Universums kennen würde und ebenso alle Naturgesetze, nach denen es sich verhält. Ein solches Gedankenexperiment ist aus offensichtlichen Gründen rein hypothetischer Natur und muss es auch bleiben. Der Nachweis, dass der Determinismus richtig liegt, gelingt im Kleinen – wenn bei einem System tatsächlich alle Faktoren bekannt sind. Technische Systeme verhalten sich deterministisch und man kann ihr Verhalten determinieren – sofern alle Faktoren tatsächlich bekannt sind und auch berücksichtigt wurden. Der Fehler liegt bekanntermaßen im Detail. Im Wesentlichen lautet die Aussage des Determinismus: Das Universum wird weder von Gott noch vom Zufall beherrscht. Eine Auffassung, die die Autorin in jedem Fall unterstützt.

[4] https://de.wikipedia.org/wiki/Libet-Experiment

die uns die Geschichte der Heldenreise unseres Lebens erzählt und dass ihre Worte keinerlei Einfluss auf unsere Handlungen haben, sondern sie nur auslegen und deuten. Die andere Fraktion ist der Meinung, dass der »Verstand« sehr wohl unsere Handlungen beeinflussen kann. Ich gehe davon aus, dass diese Streitschrift die Lücke zwischen den beiden Lagern schliessen kann.

27. Wahre Worte sind selten schön und werden selten gerne vernommen. Was gerne gehört wird, ist selten wahr.

28. Menschen die darunter leiden, dass sie »Stimmen hören«, reden in ihrem Kopf mit sich selbst und erkennen ihre eigene Sprache nicht mehr. Damit bei einem Selbstgespräch neue und unbekannte Inhalte entstehen, muss die eigene Stimme dem Zuhörer notwendigerweise fremd werden, damit er sie anrufen kann.

29. Bei Erwachsenen ist die innere Sprache kondensiert. Sie sprechen nur selten in ganzen, präzise formulierten Sätzen zu sich. Wenn sie beispielsweise ängstliche Fragen quälen, dann genügt es, wenn sie an diese Fragestellung denken, um eine ganze Flut an Reaktionen im Gehirn auszulösen. Das Gehirn ist darum bemüht, Prozesse möglichst effizient und automatisiert zu gestalten, auch wenn sie unsinnig sind. Daher fällt es vielen Meditierenden so schwer, innerlich zur Ruhe zu kommen. In ganzen, druckreifen Sätzen Selbstgespräche zu führen, ist dagegen das Geschäft von Philosophen.

30. Für die, die in Worten zu denken glauben, ist jeder vollständige Satz ein vollendeter Gedanke.

31. In Anlehnung an Jiànzhì Sēngcàn lässt sich sagen: Die Philosophie des Nicht-Denkens ist weder einfach noch schwierig. Sie ist nicht einfach, weil man dazu die falsche Idee der Willensfreiheit aufgeben muss. Gleichzeitig ist sie nicht schwierig, weil ihre einzige Voraussetzung darin besteht, diese Furcht zu überwinden. Der Gedanke, sich nicht mehr gegen den Eigenwillen entscheiden zu können, macht Angst. Alleine diese Vorstellung erzeugt Furcht.

32. Die Idee, sich durch bewusstes Nachdenken entscheiden zu können, steht der Überwindung dieser Furcht im Weg.

33. Die Mehrheit stellt sich selbst die Frage nach dem Sinn des Lebens.

Interessant sind nicht die unterschiedlichen Antworten, sondern dass Adressant und Adressat der Frage im gleichen Gehirn wohnen.[5]

Soviel also zu den – wahrscheinlich bereits sehr verwirrenden – wesentlichen Thesen. Es stellen sich jetzt sicher viele Fragen. Ich hoffe, dass diese Fragen spätestens am Ende dieses Buches hinlänglich beantwortet sind und dass Sie mir bis dahin gewogen bleiben – auch wenn Ihnen vieles eventuell sehr provozierend erscheint oder eventuell sogar empörten Widerspruch oder gar Unwohlsein auslösen kann.

Ein sehr schönes Feedback, das ich bislang zu meiner philosophischen Arbeit bekommen habe, war die Aussage: "Nach unserem philosophischen Dialog am Tresen der »c-base« hat mein Gehirn zum ersten Mal in meinem Leben für fünfzehn Minuten komplett aufgehört zu denken. Das ist mir vorher noch nie passiert."

"War es Dir unangenehm als Dein Gehirn aufgehört hat zu »denken«, wie Du es nennst?"

"Nein, auf gar keinen Fall. Das war eine wirklich ungewöhnlich tolle Erfahrung und äußerst interessant."

Von denen, die diese Erfahrung bislang durch den Kontakt mit der Philosophie des Nicht-Denkens gemacht haben, hat sich bislang jedenfalls noch niemand bei mir beschwert.

---

[5] »Man muß das Wahre immer wiederholen, weil auch der Irrtum um uns her immer wieder gepredigt wird und zwar nicht von einzelnen, sondern von der Masse, in Zeitungen und Enzyklopädien, auf Schulen und Universitäten. Überall ist der Irrtum obenauf, und es ist ihm wohl und behaglich im Gefühl der Majorität, die auf seiner Seite ist.«
– Goethe

Kapitel 3

Die Glücklichen

»Flow« – diesen Begriff hat der Psychologe Mihály Csíkszentmihályi für einen Zustand des Schaffensrausches geprägt, der manche Menschen in die Lage versetzt, außergewöhnliche Höchstleistungen zu erbringen. Es handelt sich dabei subjektiv um ein glückhaftes Gefühl von größter Harmonie, des völligen Eins-Seins mit sich und der Welt. Menschen, die Flow erleben, sind deshalb nicht nur äußerst leistungsfähig – sondern gleichzeitig auch noch unverschämt glücklich.

Weil Flow eben nicht nur glücklich macht, sondern auch die Leistung objektiv steigert, ist er der Gegenstand der Forschung. Auch Unternehmen und Unternehmensberater beschäftigen sich mit dem Flow. In einer Gesellschaft, die auf den Prinzipien von Leistung und Konkurrenz basiert, ist Leistungssteigerung populär. Wenn man dabei auch noch Glücksgefühle entwickelt, ist es umso besser. Es wäre natürlich eine großartige Sache, wenn man den Flow auf Wunsch an- und ausschalten könnte, wie ein elektrisches Gerät. Rennfahrer, die eins werden mit dem Rennwagen und der Piste, sobald sie es wollen. Skifahrer, die mit dem Schnee und den Skiern eins werden, was sie dazu befähigt, im übertragenen Sinne Kreise um ihre Kontrahenten zu drehen, um dann mit einem breiten Lächeln als Sieger die Ziellinie zu passieren. Wer möchte das nicht? Das Militär seinerseits träumt von Scharfschützen, die ihr tödliches Handwerk in kürzester Zeit erlernen und bei denen jeder Schuss sitzt. Gäbe es den Flow als legales Medikament, wäre er auf Anhieb ein Kassenschlager. Das Problem ist nur: Man kann den Flowzustand nicht so ohne weiteres erzwingen. Versuche, Flow u.a. mit an den Kopf geklebten Elektroden zu erreichen, laufen schon. Glaubt man einigen Medienberichten, sind Forscher damit bereits erfolgreich: Instant-Zen auf Knopfdruck.[1]

Nicht jede angebliche Flow-Erfahrung hat tatsächlich etwas mit Flow zu tun. Vom eigenen Flow-Erleben zu berichten ist in Mode. Der Begriff wird geradezu inflationär verwendet. »Bist Du noch normal oder lebst Du schon im Flow?«

Echte Flow-Erfahrungen werden häufig so beschrieben:

> "Es ist alles Eins. Ich bin Eins mit allem, was ich bin und befinde mich in einem Zustand äußerster Harmonie."

> "Ich hatte bei meinem Konzert das Gefühl, dass alles Eins ist und dass ich das Instrument fühlen konnte, wie fast nie vorher."

> "Alle Sinne sind hellwach. Man befindet sich im Augenblick, ohne in Gedanken nach etwas Ausschau zu halten, an dem man sich festhalten könnte. Das Denken ist optimal. Man befindet sich in einer tiefen Harmonie mit sich selbst und vergisst die Zeit. Sobald man denkt: »Aha, jetzt bin ich im Flow« ist er weg."

Wenn man diese Personen bittet, den Flow zu erklären, treffen sie Aussagen wie diese:

> "Als Kind stellt man die Welt nicht in Frage – man macht einfach. Als Erwachsener fragt man sich: Warum mache ich das überhaupt? Was soll das überhaupt? Was passiert, wenn ich jetzt einen Fehler mache? Man denkt durch eine Stimme im Kopf. Dadurch zerlegt man das Kontinuum der Welt in seine Bestandteile und lähmt sich selbst."

---

[1] »How electrical brain stimulation can change the way we think« by Sally Adee, published 2012 http://theweek.com/articles/476866/how-electrical-brain-stimulation-change-way-think

"Dinge, über die man nicht nachdenkt, tut man mit einer Leichtigkeit, wie wir sie als Kinder erfahren haben, wenn wir mit unserem liebsten Spielzeug gespielt haben. Wenn wir erwachsen werden, verlieren wir diese Leichtigkeit. Ich glaube, den Rest unseres Lebens arbeiten wir daran, wieder zu der Leichtigkeit unserer Kindheit zurück zu finden."

Wenn man diese Aussagen zusammenfasst, könnte man zu der Vermutung gelangen: Das Denken im Flow ist optimal, weil man aufhört sich bewusst innerlich anzustrengen.

Existiert Flow überhaupt oder ist Flow eine Erfindung von wirren Psychologen, die sich wichtig machen wollen? Die zitierten Aussagen stammen nicht von den typischen Spinnern, sondern von Musikern, die in ihrer professionellen Tätigkeit wirklich spektakuläre Leistungen erbringen.[2] Zu ihren Konzerten kommt ein begeistertes Publikum, das die Virtuosität und Perfektion ihres Spiels bewundert. Auch das psychologische Training von Spitzensportlern in Nationalteams ist darauf ausgerichtet, dass die Athleten beim Wettkampf mental den Flowzustand erreichen.

Das wichtigste Vorurteil gegenüber Flow ist folgendes: »Meine Profession ist geistige Arbeit, also habe ich vom Flowzustand nichts. Flow steigert nur bei körperlichen Fertigkeiten die Leistung, weil es sich nicht um geistige Tätigkeiten handelt. Im Flow tritt die geistige Intelligenz in den Hintergrund, die biologische Intelligenz tritt in den Vordergrund. (Auch wenn ich selbst ganz gerne weniger gehemmt beim Tanzen wäre.)«

Wer so denkt, liegt falsch. Über die Tätigkeit im Flow berichten ebenso und übereinstimmend Profis auf intellektuellem Gebiet, wie Mathematiker und Programmierer. Der Einwand entpuppt sich als ein populärer Irrtum, weil er vom Standpunkt der Idee des bewussten, kontrollierten Denkens naheliegend erscheint: Intellektuelle Höchstleistungen gelten bislang als eine Bastion des bewussten Denkens. »Sind denn

---

[2]Sie stammen – paraphrasierend, nicht unbedingt wortgleich – aus einer Sendung des Deutschlandfunks: Über den musikalischen Flow. Im Rausch der Tätigkeit. `http://www.deutschlandfunk.de/ueber-den-musikalischen-flow-im-rausch-der-taetigkeit.1992.de.html?dram:article_id=343311`

nicht die Höchstleistungen der menschlichen Intelligenz eine Leistung des menschlichen Geistes?« Um es kurz zu machen: Nein, sind sie nicht.

Um sich ein abschließendes Urteil über den Flow bilden zu können, sollte man Flow selbst erfahren.

> Wie nutzen intelligente Menschen ihr Gehirn? Ganz intensiv, möchte man meinen, überall im Schädel leuchtet und funkt es. In Wirklichkeit ist es umgekehrt: Je höher der IQ eines Probanden, desto sparsamer schaltet er während einer kniffligen Denkaufgabe sein Frontalhirn ein. Dort sitzt das Arbeitsgedächtnis, also jene Konstruktionswerkstatt, in der das Denken hauptsächlich stattfindet. Intelligente Menschen denken mit weniger Aufwand. Wie ist diese scheinbar so paradoxe Beobachtung zu erklären? [3]

Der Grad der inneren Anstrengung ist kein Maß für die Tiefe des Denkens und die Geschwindigkeit, mit der wir zu Erfolgen kommen, wenn man diesem Bericht in »Psychologie heute« Glauben schenken darf.

Ganz neu ist die Entdeckung des »Flow« nicht. Man findet Flow unter anderem Namen beispielsweise im Taoismus, im Zen und auch in der christlichen Mythologie. Der chinesische Taoismus stellt der Idee der inneren Anstrengung (im Denken) das Prinzip der inneren Anstrengungslosigkeit Wu Wei (= ohne Anstrengung, 无为), Piyin: wúwéi) entgegen. Die ältesten Schriften des Taoismus entstanden vor etwa 2400 Jahren.

In der Bergpredigt aus dem neuen Testament der Bibel findet man ein Zitat von Jesus von Nazareth, das in der lateinischen Fassung »Beati pauperes spiritu« lautet. Übersetzt: Selig sind die, die arm sind im Geiste. Dieses Zitat wird meistens als »Dumm und glücklich« missverstanden. Gemeint ist aber: Glücklich sind die, die im Hier und Jetzt leben. Der Intellekt kann nur über die Vergangenheit oder die Zukunft nachdenken. Das Jetzt – der unmittelbare, unendlich kurze Augenblick zwischen dem was gerade eben stattgefunden hat und dem was gleich geschehen wird, ist für die »geistige Tätigkeit des Intellekts« nicht zu

---

[3] »Es denkt in uns, ohne dass wir es merken« von Thomas Saum-Aldehoff, 11. Oktober 2009 http://www.psychologie-heute.de/news/emotion-kognition/detailansicht/news/es_denkt_in_uns_ohne_dass_wir_es_merken/

erfassen. Dafür wäre sie schlicht zu langsam. Dumm ist vielmehr der Gedanke des Intellekts, dass das Leben im Jetzt, das Bewusstsein des Augenblicks »dumm« ist. Gelebt wird schliesslich im Augenblick des Lebens – nicht davor und nicht danach.

Es ist durchaus möglich, dass der zitierte Satz aus der Bergpredigt von der philosophischen Idee des Taoismus inspiriert wurde. Die Bergpredigt ist mindestens 400 Jahre jünger als der Taoismus. In der Welt der Ideen eine mehr als hinlängliche Zeit, um den Weg vom fernen Osten in den nahen Osten zurück zu legen.

3.0.1 Das Arbeitsgedächtnis und die Zahl 7

Das bewusste, durch den Willen kontrollierte »Alltagsdenken« ist unter anderem begrenzt durch die geringe Kapazität des Arbeitsgedächtnisses. Das Arbeitsgedächtnis speichert kurzzeitig Informationen und ihre Veränderungen, deswegen wird es auch als Kurzzeitgedächtnis bezeichnet. Egal wie wir es nennen – die Kapazität des Arbeitsgedächtnisses ist sehr begrenzt. Ein Stichwort zum Thema ist die sogenannte Millersche Zahl. Hinter der Millerschen Zahl steht die Beobachtung, dass sich die meisten Menschen im Durchschnitt kurzzeitig nur 7 Chunks (englisch für »Bündel«, gemeint sind Denkinhalte) in ihrem Kurzzeitgedächtnis merken können. Die genaue Zahl ist in der Wissenschaft umstritten und es gibt verschiedene Modelle des Arbeitsgedächtnisses. Sie können das bei sich selbst experimentell überprüfen. Schauen Sie kurzzeitig auf einen Tisch, auf dem sich mehrere Gegenstände befinden und schauen Sie dann weg. Entscheidend für das Experiment ist natürlich, dass die Gegenstände zufällig sind und sie die Gegenstände nicht selbst abgelegt und abgezählt haben. Also nicht ein Gedeck für 40 Personen, mit 40 Suppentellern, 40 flachen Tellern, 40 Gabeln, 40 Löffeln, 40 Gläsern usw.) Welche Gegenstände befinden sich auf dem Tisch?

Der Philosoph John Locke hat im 17. Jahrhundert die Beobachtung gemacht, dass die meisten Menschen sich in ihrem Arbeitsgedächtnis bis zu 7 unterschiedliche Gegenstände zu 100 Prozent merken können. Darüber bricht das Ergebnis stark ein. Unter gesunden Menschen, bei denen das Arbeitsgedächtnis nicht gestört ist, gibt es eine geringe Variation dieser Zahl. Die Untergrenze liegt bei fünf, die Obergrenze bei neun. Laut Miller kann man die Kapazität des Arbeitsgedächtnisses nicht trainieren, sie gilt daher als angeboren. Neuere Studien gehen davon aus, dass die Millersche Zahl bei Worten etwas größer ist, bei anderen Objekten kleiner.

Es ist ganz gleich, von welcher genauen Zahl wir ausgehen. Die geringe Anzahl der Denkinhalte lässt darauf schliessen, dass die Leistung des bewussten Alltagsdenkens sehr begrenzt ist. Es ist unterkomplex, denn das bewusste Alltagsdenken wird von seinem prozessualen Ablauf her so beschrieben:

1. Wir formulieren eine Frage. Damit geben wir eine Denkrichtung vor.

2. Wir holen Informationen aus dem Gedächtnis oder aus unserer Umwelt in das Arbeitsgedächtnis.

3. Wir synthetisieren daraus ein Ergebnis (Antwort) oder ein Zwischenergebnis.

Das bewusste Alltagsdenken basiert auf Sprache – wir stellen uns Fragen, recherchieren und denken über die Antwort nach. Geht man nun von der Millerschen Zahl 7 aus, stehen für den Vorgang der Synthese, die zu dem Ergebnisses unter Punkt 3 führt, insgesamt nur 5 Denkinhalte zur Verfügung. Rechnen wir einmal nach: Ein Denkinhalt (Chunk) ist für die Speicherung der Fragestellung unter Punkt 1 erforderlich. Es wäre ziemlich doof, wenn wir die Fragestellung bereits in dem Moment vergessen hätten, wenn wir bei Punkt 3, dem Ergebnis unserer Überlegungen angekommen sind. Für die Speicherung des Ergebnisses (oder Zwischenergebnisses) unter Punkt 3 benötigen wir einen weiteren Chunk. Es bleiben also für die Verknüpfung von Denkinhalten unter Punkt 2 nur 5 Chunks.

Viele Menschen stellen sich ihr »bewusstes Denken« in Gedanken wie einen Archivar in einer großen Bibliothek (dem gesamten Gedächtnisvermögen des Gehirns) vor. Der Archivar sucht sich aus dem Archiv (Gedächtnis) Chunks von Informationen heraus, bläst den Staub herunter und legt sie auf seinen Arbeitstisch. Er muss sich bei der Auswahl der Chunks beschränken – denn auf seinem Arbeitstisch (Arbeitsgedächtnis) ist – wegen der Millerschen Zahl – nicht allzuviel Platz. Zwischendurch wechselt der Archivar die Rolle und wird zum kleinen

Homunkulus (der den menschlichen Körper von innen steuert) und hält in der Umgebung des Körpers nach Informationen Ausschau, die der Körper mit seiner sinnlichen Wahrnehmung erfasst.

Egal, wie wir es drehen und wenden: Das bewusste, kontrollierte Alltagsdenken ist langsam, beschränkt und es arbeitet sequentiell – wie ein klassischer Computer mit nur einem Prozessorkern. Das entspricht aber nicht dem Aufbau des menschlichen Gehirns, wie es in den folgenden Kapiteln dieses Buches dargelegt wird. Soviel vorweg: Das Gehirn ist ein neuronales Netz, das massiv parallel arbeitet. Das innere Gespräch des Bewusstseins ist dagegen sequentiell: Ein Punkt folgt auf den anderen, wie an einer Perlenschnur. Der kleine Homunkulus des durch den freien Willen gesteuerten Alltagsdenkens sitzt mit seinem Hintern auf einer Großrechenanlage, die er dazu benutzt, um mit einem Abakus zu rechnen, den die Großrechenanlage simuliert. Der kleine Homunkulus, der mit seinem Abakus spielt, ist ebenfalls eine Simulation der gleichen Großrechenanlage, sofern wir nicht daran glauben, dass der menschliche »Geist« übernatürlichen Ursprungs ist.

Was uns so sehr für das bewusste Alltagsdenken einnimmt ist die Tatsache, dass wir bewusste, willkürliche Kontrolle darüber haben und je nach Laune darüber verfügen können. Darin liegt auch ein Streben nach Beharrung – aus Angst, es könnte sich etwas ändern. Wer willkürlich denkt, weil er einer bestimmten Idee oder einem Glauben treu bleiben will, kann in seinem Alltagsdenken gestern, heute, morgen immer das gleiche denken – weil er oder sie das aus irgendeinem Grund möchte – obwohl es möglicherweise längst Zeit für ein Umdenken wäre. Deswegen hängen wir so sehr an unserem Alltagsdenken, obwohl es sehr beschränkt ist. Das Alltagsdenken hilft uns, uns unterzuordnen und anzupassen, weil wir Angst davor haben, aus der Reihe zu tanzen. Wir können uns durch die innere Beschäftigung mit dem Alltagsdenken auch ganz gut davon ablenken, dass unsere Umwelt und unser eigenes Verhalten gar nicht so sind, wie wir es unserer Intuition nach gerne möchten. Der »Verstand« bemüht sich, die Intuition klein zu reden. Anstatt uns um drängende Probleme zu kümmern, denken wir z.B. lieber darüber nach, wie unser Lieblingsteam wohl beim nächsten Wettkampf abschneiden wird.

Können Sie sich ein Leben ohne bewusstes Denken vorstellen? Die meisten Menschen meinen, es wäre ein Akt der Faulheit, wenn man nicht bewusst denkt. Die meisten Menschen sind hier das Opfer eines Vorurteils: Wenn sie sich selbst für intelligenter als andere denken, meinen sie, dass die »dummen« Menschen sich nicht hinreichend – also zu wenige – Gedanken machen.

Hier tut sich ein logisches Problem auf: Wenn wir bewusst darüber entscheiden können, wie viel wir denken, müssten wir dann nicht unmittelbar zu dem Ergebnis kommen, dass wir alle Kraft aufwenden sollten, um so viel zu »denken« wie überhaupt möglich? Das ist natürlich Unsinn: Sollen wir etwa annehmen, dass wir die Tätigkeit unseres Gehirns kontrollieren und steuern müssen? Das wäre doch viel zu kompliziert – und wer könnte das überhaupt leisten? Woher sollte denn diese höhere Intelligenz kommen, die die niedrige Intelligenz unseres Gehirn steuert, wenn sie gar nicht aus dem Gehirn kommen kann – denn wir nehmen ja implizit an, dass die Intelligenz unseres Gehirns dafür nicht ausreichend ist. Soll etwa die niedrige Intelligenz unseres Gehirns ausreichen, damit darin eine höhere Intelligenz entsteht, welche die niedrige Intelligenz des Gehirns zu einer höheren Stufe der Intelligenz führt? Wie sollte das gelingen? Ein solches Konzept widerspricht dem Naturgesetz von Aktion und Reaktion. Es wäre ein Perpetuum mobile.

Gestützt wird dieser Aberglauben durch die Idee, dass der menschliche Körper der Wohnsitz eines mystischen Geistwesens ist, der die niedrige Intelligenz des Körpers zu dieser höheren Intelligenz führt. Gesetzt des Falles, dass wir aufgekärte Zeitgenossinnen und Zeitgenossen sind, mögen wir aber nicht mehr so recht an die Existenz von Geistern glauben. Der Glaube an einen mystischen Geist im Zentralnervensystem ist deshalb ein Aberglaube. Es bleibt aber das Phänomen der Wahrnehmung eines Geistes in den Gehirnen von Menschen zu erklären, die an das Vorhandensein eines solchen mystischen Geistwesens glauben. Dieser ist, wie ich noch weiter ausführen werde, der metaphysische Symbolismus.

3.0.2 Das Gegenteil von Flow

Bewusstes, kontrolliertes Denken tritt im Flow in den Hintergrund oder hört völlig auf. Das steht ganz im Gegensatz zu den traditionellen Zielen und Formen der Erziehung. Besonders deutlich hat der Philosoph Hegel dieses traditionelle Verständnis von Erziehung zum Ausdruck gebracht:

> Erziehung muss in erster Linie Zucht [sein], welche den Sinn hat, den Eigenwillen des Kindes zu brechen... Das Vernünftige muss als seine eigenste Subjektivität ihm erscheinen... Die Sittlichkeit muss als Empfindung in das Kind gepflanzt worden sein...
>
> G.F.W. Hegel: Grundlinien der Philosophie des Rechts, §§ 174, 175, Zus.

Dieses Zitat ist erschreckend. Es wird ganz unverhohlen eine Form von Gehirnwäsche angepriesen, durch die Kindern »Sittlichkeit« eingebläut werden soll. Das Wort Sittlichkeit bedeutet hier die Übereinstimmung des Denkens und Handelns eines Individuums mit den von der Mehrheit der Menschen einer Gemeinschaft akzeptierten Regeln. Zu diesem Zweck soll der Eigenwille gebrochen und durch einen verinnerlichten Fremdwillen – »das Vernünftige«, hier offensichtlich als innere Unterwerfung und innere Fügung gedacht – ersetzt werden. Dieser unter Zwang, durch Manipulation und Druck verinnerlichte Fremdwille soll am Ende des Erziehungsprozesses der erzogenen Person als ureigenstes Fühlen, Denken und Verlangen »erscheinen«.

Ein wie von Hegel beschriebener, in seinem inneren gebrochener und deformierter Mensch lebt sicherlich nicht in einem tief empfundenen Gefühl des Eins-Seins mit sich selbst. Geschweige denn, dass ein derart abgerichteter Mensch zu Höchstleistungen fähig wäre. Ein Heer von unterwürfigen, in ihrer Intelligenz gehemmten Duckmäusern ist sicherlich vielen Tyrannen, Autokraten, Diktatoren, Unterdrückern, Herrenmenschen weitaus lieber als ein unbeugsamer Haufen von intelligenten Kreativen ohne Untertanenbewusstsein. Hegel hat sicherlich geglaubt, man täte den Kindern mit einer solchen Gehirnwäsche einen Gefallen, indem man sie zu unterwürfigen, angepassten, »sittlichen« Menschen macht.

Die Legitimation zu derartig grausamen Vorstellungen von Erziehung war ein negatives Bild der menschlichen Natur, dessen Zuspitzung und Verkürzung sich in dem Satz: »Der Mensch ist von Natur aus böse« ausdrückt. Diese Überzeugung ist auch heute noch weit verbreitet. Immanuel Kant hat länglich über des »radical Böse« in der menschlichen Natur philosophiert, unter anderem in »Über das radikale Böse in der menschlichen Natur« von 1792. Er schrieb, der Mensch sei zwar nicht von seiner tierischen Natur her böse, aber der Hang zum Bösen sei in der Natur seiner Willensfreiheit angelegt:

> So werden wir diesen einen natürlichen Hang zum Bösen, und, da er doch immer selbst verschuldet sein muss, ihn selbst ein radikales, angeborenes (nichts desto weniger aber uns von uns selbst zugezogenes) Böse in der menschlichen Natur nennen können.

> Immanuel Kant, Religion, B 27

Damit meinte Kant, der Mensch sei von seiner Natur her in der Lage, seine christlich geprägten moralischen Grundsätze jederzeit über Bord zu werfen und moralisch »böse« zu handeln. Es läge in seiner Willensfreiheit sich für das »Gute« (Die Gesetze Gottes) oder »Böse« zu entscheiden – aber er unterstellt, der Mensch hätte von Natur aus einen Hang zu letzterem. Immerhin wollte Kant nicht die sinnliche, tierische Natur des Menschen an sich verurteilen. Doch mit dieser abgeschwächten Verurteilung der menschlichen Natur zog sich Kant den Ärger der Obrigkeit zu:

> Von Gottes Gnaden Friedrich Wilhelm, König von Preußen etc. etc.

> Unsern gnädigen Gruß zuvor. Würdiger und Hochgelahrter, lieber Getreuer! Unsere höchste Person hat schon seit geraumer Zeit mit großem Mißfallen ersehen; wie Ihr Eure Philosophie zu Entstellung und Herabwürdigung mancher Haupt- und Grundlehren der heiligen Schrift und des Christentums mißbraucht; wie Ihr dieses namentlich in Eurem Buch: ‹Religion innerhalb der Grenzen der bloßen Vernunft›, desgleichen in anderen kleineren Abhandlungen getan habt. Wir haben Uns zu Euch eines Besseren versehen; da Ihr selbst einsehen müsset, wie unverantwortlich Ihr dadurch gegen Eure Pflicht, als Lehrer der Jugend, und gegen Unsere, Euch sehr wohl bekannte, landesväterliche Absichten handelt. Wir verlangen des ehsten Eure gewissenhafteste Verantwortung, und gewärtigen Uns von Euch, bei Vermeidung Unserer höchsten Ungnade, daß Ihr Euch künftighin nichts dergleichen werdet zu Schulden kommen lassen, sondern vielmehr, Eurer Pflicht gemäß, Euer Ansehen und Eure Talente

dazu anwenden, daß Unsere landesväterliche Intention je mehr und mehr erreicht werde; widrigenfalls Ihr Euch, bei fortgesetzter Renitenz, unfehlbar unangenehmer Verfügungen zu gewärtigen habt.

Sind Euch mit Gnade gewogen. Berlin, den 1. Oktober 1794.
Auf Seiner Königl. Majestät allergnädigsten Spezialbefehl.
Wöllner

Der Mensch hatte – gefälligst – der christlichen Doktrin nach von seiner Natur her ein erbsündlicher Teufel zu sein, der nur durch den Glauben an Gott und seine Gesetze vom »Bösen« abzubringen sei. Die Ansichten von Thomas Hobbes waren Friedrich II. viel lieber. Als Landesvater begründete er das Recht und die Macht zu regieren mit dem göttlichen Auftrag, seine Rabenkinder in Schach zu halten.

Was auch immer seine Vernunft ersinnt wird hinfällig, sobald sich seine Triebe dagegen stemmen.
Thomas Hobbes "Leviathan" Kapitel 14

Thomas Hobbes war mit Sicherheit ein Misanthrop. Er glaubte, dass alle Menschen sich gegen einander feindselig verhalten, um ihren Egoismus zu befriedigen. Er behauptete, der Naturzustand des menschlichen Verhaltens sei ein fortlaufender Krieg von allen gegen alle.

Diese Thesen sind heute unhaltbar und sie setzen den Glauben an die christliche Doktrin des »freien Willens« und an die »Erbsünde« voraus. Ohne die Ideologie des »freien Willens« gibt es weder »Schuld« noch »Sühne«. Menschen würden sich ohne die Idee des freien Willens einfach nur als natürliche Wesen sehen – ohne die Idee einer Dichotomie von Gut und Böse, wie es die christliche Ideologie seit Jahrtausenden die Menschen lehrt. Keine Apokalypse und kein göttliches Strafgericht. Keine Angst vor uns selbst. Kein Gegensatz zwischen metaphysischem Symbolismus und menschlicher Natur, die dem metaphysischem Symbolismus den Auftrag erteilt, die tierische-sinnliche menschliche Natur in Schach zu halten. Keine Herrenmenschen und kein Untertanenbewusstsein mehr. Das Leben könnte so schön sein...

Leute, die eine gewisse Art von psychologischem Problem haben, sind darum besorgt, Prozesse in ihrem Kopf zu regeln. Die Prozesse, die sie vermeinen regeln zu müssen, nennen sie Denkprozesse. Das ist aber kein Zeichen für Gesundheit und es geht ihnen auch nicht dadurch besser, dass sie sich mehr anstrengen, um diese Prozesse besser zu regeln oder sie anders zu gestalten. Der Weg, der sie davon befreit, diese Probleme zu haben, führt in die umgekehrte Richtung – nämlich, dass sie aufhören, innere Prozesse in ihrem Kopf regeln zu wollen und meinen, sie regeln zu müssen. Es gibt tatsächlich nichts, dass man durch innere Anstrengungen im Gehirn regeln müsste und man kann eigentlich auch nur willkürlich – im Sinne von hörig sein – die Sprache verarbeitenden Regionen im Gehirn willkürlich beeinflussen. Und wer beeinflusst willkürlich diese Prozesse? Der »freie Wille«!

3.0.3 Hier spricht der Geist von Ur-Nammu

Der älteste schriftlich überlieferte Herrschaftsmythos, mit dem Menschen hörig gemacht wurden, findet sich im Gesetzes-Codex von Ur-Nammu, der die Programmierung seiner Untertanen in Keilschrift auf Terracotta-Tafeln niederschreiben ließ. In der Einleitung des Codex begründet er seine Herrschaft: »Ich, Ur-Nammu, König von Ur und mächtiger Krieger, wurde von den Göttern beauftragt, die Menschen von Sumer durch die Macht des Mondgottes Nanna und die Weisheit des Sonnengottes Utu zu regieren, um für Gerechtigkeit und Gleichheit zu sorgen.« [4]

Soll heißen: »Mein Wille, der sich durch meine Sprache ausdrückt, ist Euch Gesetz.« Ich bin ein mächtiger Krieger und Gottkönig, Nachfah-

---

[4]Stark verkürzte, aber sinngemäße Zusammenfassung der Einleitung des Codex Ur-Nammu, um 2100 v. Chr., Mesopotamien `https://en.wikipedia.org/wiki/Code_of_Ur-Nammu`

re des mythischen Halbgottes Gilgamesh.[5] [6] Für die absolute Mehrheit meiner Untertaninnen und Untertanen bin ich ebenfalls wie ein Halbgott, handle im Auftrag der Götter, stehe mit ihnen im Kontakt und habe eine mythische Macht. Wehe dem, der sich mir widersetzt – er möge sich gut in Acht nehmen! Da die Sumerer aus tiefsten Herzen an Götter glauben, sie ehren und fürchten, sind sie mir extrem hörig. Alles, was ich ihnen befehle, setzen Sie sofort, ohne zu zögern, in die Tat um. Ich kann sogar noch weiter gehen, um meine Herrschaft zu sichern und auszudehnen. Ich lehre meine Untertaninnen und Untertanen, sich vorzustellen: »In meinem Kopf ist der weise und gute Geist von Ur-Nammu drin und der Geist von Ur-Nammu sagt mir, was ich denke und was ich zu tun habe.«

Die Programmierung von Ur-Nammu ist in simplen IF–THEN-Routinen (WENN-DANN-Routinen) mit UND-ODER-Verknüpfungen geschrieben, gerade so wie man auch die Programmierung eines primitiven Staubsaugerroboters vornehmen kann:

»WENN Du anstößt, DANN drehe Dich um 90 Grad nach rechts UND fahre vorwärts.«

---

[5] Krieger kommt von »kriegen«, d.h. rauben, kämpfen, streiten. Der »mächtige Krieger« ist daher ein mächtiger Räuber. Immerhin dient der Raub hier einem höheren Zweck wie der Etablierung von Gerechtigkeit und Gleichheit, nicht etwa schnöder Übervorteilung, Ausbeutung oder gar Bereicherung.

[6] Gilgamesh: Mythischer Halbgottkönig der Sumerer aus dem Gilgamesh-Ethos, der von einem Gott aus einem Lehmklumpen geformt wurde. Irgendwie kommt einem diese Geschichte unwillkürlich bekannt vor – nicht wahr? Der Gilgamesh-Ethos wurde schriftlich in Keilschrift auf Ton niedergelegt und hat sich im nahen Osten verbreitet. Da Gilgamesh ein Halbgott ist, ist er sterblich. Als er erkennt, dass sein Leben enden wird, macht er sich auf eine abenteuerliche Reise ins Paradies, um dort von der Pflanze der Unsterblichkeit zu essen, aber eine Schlange stiehlt die Pflanze. Erinnern Sie sich zufällig an die christliche Erbsünde, die Vertreibung von Adam und Eva aus dem Paradies wegen einer kleinen Sünde? Weite Teile der Handlung in der Genesis wurden ganz offensichtlich aus dem Gilgamesh-Epos der Sumerer »entliehen«, aber zu Gunsten des ideologischen Konzepts von menschlicher Sünde und göttlicher Rache umgestrickt. Das ist übrigens mit den meisten Mythen so: Sie setzen auf alten Mythen auf und werden nach persönlichem Geschmack verändert. Kaum jemand macht sich die Mühe, so etwas von Anfang an neu zu schreiben. Es wäre ja auch viel schwieriger, etwas völlig Neues gegen das Bestehende zu etablieren.

Konkret sah die Programmierung von Ur-Nammu so aus (in Auszügen):

WENN ein Sklave einen Sklaven heiratet UND der Sklave wird frei, DANN muss er im Haushalt seines Herren bleiben.

WENN ein Sklave eine freie Person heiratet, DANN ist der erstgeborene Sohn seinem Besitzer zu übergeben.

WENN ein Mann die Frau eines jungen Mannes enjungfert, DANN wird er getötet.

WENN die Frau eines Mannes einem anderen Mann folgte UND er schlief mit ihr, DANN wird die Frau getötet UND der Mann bleibt frei.

WENN ein Mann mit Gewalt die Jungfrau-Sklavin eines anderen Mannes entjungfert, DANN muss dieser Mann fünf Schekel Silber zahlen.

WENN ein Mann der Hexerei beschuldigt wird, DANN muss er sich der Flussfolter unterziehen; WENN die Unschuld damit bewiesen ist, DANN muss sein Ankläger ihm 3 Schekel zahlen.

WENN ein Mann die Frau eines Mannes des Ehebruchs angeklagt, und die Flussfolter beweist ihre Unschuld, DANN muss der Mann, der sie beschuldigt hatte ein Drittel eines Mina von Silber bezahlen.

WENN ein Sklave von der Stadtgrenze entweicht, UND jemand fängt ihn wieder ein, DANN hat der Eigentümer zwei Schekel an den Mann zu zahlen, der ihn zurück gebracht hat.

WENN die Sklaven-Frau eines Mannes unverschämt zu ihrer Herrin spricht, DANN soll ihr Mund mit 1 Liter Salz abgekocht werden.

Mit der zitierten Gerechtigkeit, Gleichheit und der göttlichen Weisheit unter der Herrschaft von Ur-Nammu war es offensichtlich nicht weit her. Im Königreich von Ur herrschten Sklaverei und ein finsteres Patriarchat. Die Gleichheit sah so aus: Die unterste Klasse der Gesellschaft waren die Sklavinnen, sie waren der Dreck unter dem Fingernagel. Etwas besser gestellt waren die männlichen Sklaven. Darüber kamen die freien Frauen freier Männer und über allem stand – selbstredend – der König. Der König lebte in Sauss und Braus in einem Palast mit seinen »Tempelpreisterinnen«. Zur juristischen Wahrheitsfindung unter der Anleitung des überaus weisen und allwissenden Sonnengottes Utu diente unter anderem die Flussfolter: Menschen wurden gefesselt in den Fluss geworfen. Die Menschen, die ertranken, waren offensichtlich schuldig. Die Behauptung, unter Ur-Nammus Herrschaft hätten Gerechtigkeit und Gleichheit bestanden, war eine exakte Verdrehung der Wahrheit um 180 Grad. Ideologie, Agitation und politische Propaganda, würde man heute sagen.

Das Prinzip, dass der Herrscher in den Köpfen seiner Untertanen spricht, die sich die Anwesenheit ihres Anführers zwischen den Ohren vorstellen, weil sie ihre Programmierung für weise und gerecht halten, haben wir heute noch. Die deutsche Bundeswehr nennt es bezeichnenderweise »innere Führung« und natürlich zählen solche psychologischen Tricks zu einer »demokratischen Einsatzarmee«. (Vor nicht allzu langer Zeit war die Bundeswehr noch eine »demokratische Verteidigungsarmee«. Wie sich die Zeiten doch ändern.) »Autoritäten« wie Ur-Nammu beeinflussen, wie Menschen in ihrem Gehirn mit sich selbst reden – das ist ihr »freier Wille«, der sie in den Augen ihrer Herren »einsichtsfähig« und »schuldfähig« macht! Hätten sie den »freien Willen« nicht, dann wären sie innerhalb des Eigenwillens ihrer biologischen Bestimmung frei. Aber diesem Gedanken ist der Glaube an die Macht der Götter, des verinnerlichten Geistes oder anderer mythischer Wesen vorgeschoben. Sie sind der inneren Stimme ganz und gar hörig, da der Sprecher keine Distanz zu ihnen hat, sondern direkt zwischen ihren Ohren spricht. Wie könnte man an der Autorität einer Stimme zweifeln, die zwischen den eigenen Ohren spricht? Stellen Sie sich die Stimme einer unsichtbaren Person vor, die ihnen von hinten direkt ins Ohr spricht. Eine unangenehme Vorstellung, oder? Der manipulativen Kraft einer solchen Stimme kann man sich kaum entziehen. Die nächste Steigerung der Manipulationskraft ist, dass wir die Stimme direkt zwischen den Ohren im Gehirn sprechen lassen – dann haben wir Herrschaft und Führungsanspruch völlig verinnerlicht.

Über dieses willkürliche Verhalten von Individuen im zerebralen Sprachzentrum kann Herrschaft von außen Kontrolle übernehmen, durch mythische Legenden, Lügen, Überredung, Einschüchterung, Freiheitsentzug, Überwachung, Spitzel, Denunziation, Gewalt und Terror. Jede Sekte besteht aus drei Komponenten: Einem charistmatischen Anführer, einer Ideologie und brutaler Gewalt. Da die Sumerer von Ur dem, was Ur-Nammu sagte – also der Ur-Nammu, der als Vorbild in ihrem Gehirn drin war und ihnen Befehle erteilte – hörig waren, konnte er ihr Verhalten bis in jeden Winkel steuern, auch da, wo die Augen und Ohren seines bewaffneten Arms nicht hinreichten. Damit war er wirklich allmächtig und unsterblich. Das Prinzip funktioniert noch heute. Jeder Ur-Nammu der Geschichte muss allerdings dafür Sorge tragen, dass er den inneren Ur-Nammu seiner Untertanen von den Einflüssen konkurrierender Ur-Nammus rein hält.

Genau diese Art von Hörigkeit nennen die Leute bis heute paradoxerweise »freien Willen«. Dass es mit diesem »freien Willen« nicht weit her ist, haben wir ja bereits bei Hegel gesehen: Der Sinn der Erziehung ist es, den Eigenwillen des Kindes zu brechen und durch die »Vernunft« zu ersetzen. Die »Vernunft« ist der Geist der inneren Stimme zwischen den Ohren, der die Menschen völlig hörig sind. Am Ende des Erziehungsprozesses ist das »vernünftige Verhalten« jenes Verhalten, das durch die innere Stimme im Kopf gelenkt wird, die Menschen im Verlauf ihrer Erziehung verinnerlicht haben. Denn Sittlichkeit bedeutet eben die Anpassung eines Individuums an das, was die Mehrheit für richtig hält.

In diesem Fall: Die Mehrheit der Untertanen von Ur-Nammu.

Gott: »Soll ich Dir erklären, wie Herrschaft funktioniert?«

Mensch: »Ich bitte darum.«

Gott: »Du stellst Dir vor, dass ich in Deinem Kopf bin und Du tust alles, was mein Geist Dir sagt.«

Mensch: »Das finde ich gut und richtig. Aber wer sagt Dir, was Du denkst?«

Gott: »Mir sagt niemand, was ich denke. Das ist auch gar nicht nötig, denn das Gehirn eines Gottes denkt selbstständig.«

Kapitel 4

Zwei Arten von Bewusstsein

Das Wort »Bewusstsein« ist ein mehrdeutiger Begriff. Google liefert mir dafür folgende Kurzdefinition.[1]

Be · wusst · sein

    Substantiv [das]

    1. med. der Zustand, dass ein Mensch mit allen Sinnen seine Umgebung erkennt. »Der Patient verlor das Bewusstsein/ist wieder bei Bewusstsein.«

    2. psych. die Fähigkeit, mit dem Verstand und den Sinnen die Umwelt zu erkennen und zu verarbeiten. »Eine Erinnerung ins Bewusstsein rufen.«

---

[1] Man kann die Verwendung von Informationen aus der Online-Welt kritisieren. Durch personalisierte Anpassung von Suchmaschinen kann es sogar dazu kommen, dass die gleiche Suche unterschiedliche Ergebnisse präsentiert. Es kommt mir aber lediglich darauf an, die jeweils gängigen Vorstellungen und Definitionen zu zeigen.

Kapitel 4. Zwei Arten von Bewusstsein

Wenn wir heute das Wort Bewusstsein benutzen, so meinen wir damit in der Regel entweder »bei Bewusstsein sein« – also wach und ansprechbar im medizinischen Sinne – oder wir sprechen über das Phänomen des »Bewusstseins« an sich: So nennen wir die Summe aller psychologischen Vorgänge, die wir bewusst oder zumindest vorbewusst wahrnehmen und beeinflussen können. Mit diesem Bewusstseinsbegriff unterschlagen wir aber geflissentlich die offensichtliche Tatsache, dass die unwillkürliche, »unbewusste« Tätigkeit des Zentralnervensystems ebenfalls eine Form von Bewusstsein darstellt. Die Anschauung, dass es eine willkürliche »bewusste« Tätigkeit des »Ich-Bewusstseins« gibt, bildet so ein Gegensatzpaar mit der unwillkürlichen »unbewussten« Tätigkeit des Zentralnervensystems.

Ein Beispiel: Wir erfassen ohne innere Anstrengung unseres »bewussten Ich-Bewusstseins«, also alleine auf Grund unseres »unbewussten Bewusstseins«, dass etwas hell oder dunkel ist, ob wir stehen oder liegen, ob wir im Gleichgewicht sind oder schwanken, ob wir hungrig oder durstig sind. Diese Prozesse laufen im Hintergrund unserer Wahrnehmung ab, ohne unser Zutun. Unsere bewussten, vordergründigen »Bewusstseinsprozesse« sind dagegen damit beschäftigt, diese Zustände zu benennen und mit den Begriffen unserer Sprache zu hantieren, nachdem das Zentralnervensystem im Hintergrund den Strom von Informationen analysiert hat, der kontinuierlich auf uns einströmt.

Ich habe auch in älteren, gedruckten Enzyklopädien (Meyers Lexikon von 1983 in 30 Bänden, Brockhaus Kurzausgabe in zwei Bänden von 1999) und in der Wikipedia den Begriff »Bewusstsein« nachgeschlagen. Den gedruckten Enzyklopädien fällt dazu lediglich der Verweis auf die psychologische Interpretation des Begriffes ein, im Sinne von »die bewusste, willkürliche, absichtsvolle Tätigkeit des Ich-Bewusstseins«. Die Wikipedia listet erstaunliche sechs »Aspekte und Entwicklungsstufen« (Zitat Wikipedia) von »Bewusstsein« auf. Die Intelligenz des physiologischen Zentralnervensystems wird immerhin implizit als ein »Aspekt« erwähnt, der empirisch untersucht werden kann.

Was verstehen Sie persönlich unter »dem Bewusstsein«? Ist es nur die Tätigkeit der bewussten Handlungen Ihres »Ich-Bewusstseins« oder verstehen Sie auch die selbstständige, unwillkürliche biologische Intelligenz Ihrer Sinne und Ihres Zentralnervensystems darunter? Welches Wort verwenden Sie, um die selbstständige, biologische Intelligenz Ihrer Sinne und Ihres Zentralnervensystems zu benennen, die sich der willkürlichen Kontrolle Ihres »Ich-Bewusstseins« entzieht?

4.0.1 Bewusstsein Nummer Eins – das »unbewusste« Bewusstsein

Bewusstsein Nummer Eins steht für die Eigenschaft intelligenter Lebewesen aus medizinischer und biologischer Sicht, mit ihren Sinnesorganen ihre Umwelt und ihren eigenen Körper wahrzunehmen – »mit allen Sinnen erkennen« – und darauf intelligent zu reagieren, also alle für das Leben erforderlichen Informationen zu sammeln, zu speichern, auszuwerten und auf dieser Basis Handlungen zu planen, zu steuern und erfolgreich durchzuführen. Für die Psychoanalytiker und die Tiefenpsychologen unter uns ist dieses Bewusstsein »das Unbewusste« oder »das Es«.

So richtig vertrauen wir dieser Urform des menschlichen Bewusstseins nicht, da wir seine Tätigkeit nicht beobachten können und daher auch keine Kontrolle darüber haben. Wir können seine Abläufe nicht durch einen »Blick nach innen« beobachten, sondern lediglich beobachten, was es geleistet hat – und nicht, wie es das macht. Eingreifen können wir daher auch nicht. Weite Teile unseres Gehirns handeln und treffen Entscheidungen ohne unser Zutun! Ist das nicht erschreckend?!

Nein, ist es natürlich nicht. Denn ohne diese unbewussten Leistungen unseres Nervensystems könnten wir alleine kaum einen Tag überstehen. Wir wären wie Patienten im Koma auf der Intensivstation, die auf den Erhalt ihrer körperlichen Funktionen durch das Pflegepersonal angewiesen sind. Es gibt unzählige Tätigkeiten, die wir in unserem Leben bereits millionenfach ausgeführt haben, ohne auch nur ein einziges Mal darüber nachzudenken. Im Gegenteil: Wenn man uns freundlich darum bittet, diese unbewussten Tätigkeiten einmal bewusst auszuführen, geraten wir durcheinander. Wenn wir ein Fahrzeug steuern, würden wir so ziemlich jedes plötzlich auftauchende Hindernis überfahren, wenn wir erst überlegen müssten, welchen Hebel wir betätigen müssen, um zu bremsen.

Bittet man uns mit verbundenen Augen darum, zwei unterschiedliche Gegenstände in die Hand zu nehmen, dann können wir augenblicklich, ohne bewusstes Nachdenken sagen, welcher Gegenstand schwerer ist. All das leistet »das Unbewusste« – der große schweigende Unbekannte, das von vielen Menschen völlig ignorierte Heinzelmännchen. Ich nenne das biologische, physiologische Bewusstseins aber nicht »das Unbewusste«, oder gar »Unterbewusstsein«, wie das heutzutage üblich ist. Der Ausdruck »das Unbewusste« suggeriert, dass »das Unbewusste« nicht weiß, was es tut und sich seiner Existenz nicht bewusst ist. Ich habe eine ganz andere Anschauung:

> Ich bin das Unbewusste.

Der Begriff »Unterbewusstsein«, den manche Menschen synonym verwenden, ist geradezu diskriminierend für die Intelligenz unserer physiologischen Existenz. In diesem Begriff offenbart sich eine hierarchische Anschauung des »Intellekts« von Unterordnung und Übergeordnet-Sein. Dahinter steht ein arrogantes, überhebliches Urteil des »Intellekts« mit dem Mittel der Sprache: Unser »Intellekt« befähigt uns, uns durch derartig arrogante Urteile selbst zu diskriminieren. Es handelt sich um eine feindliche Übernahme, eine Machtergreifung des »Intellekts«. Der Sprache – dem »Intellekt« – kommt lediglich die Rolle zu, die Dinge zu benennen und nicht selbständig zu urteilen. Ich bin nicht das Prädikat (die Satzaussage) meiner Sprache – ich bin das Lebewesen, dass die Sprache benutzt, um sich seiner menschlichen Mitwelt gegenüber auszudrücken.

Das durch Begriffe wie »Unterbewusstsein« vom »Intellekt« geschmähte Bewusstsein nenne ich das »Bewusstsein Nummer Eins« oder auch »das Bewusstsein erster Ordnung«. Es war schliesslich zuerst da. Der »Intellekt« ist lediglich ein eingebildeter und überheblicher Neuankömmling – vielleicht einige zehntausend Jahre alt, am Ende einer Entwicklung von Millionen Jahren – der die Bedeutung des Bewusstseins erster Ordnung völlig zu Unrecht mit Worten schmäht und klein redet.

Das Bewusstsein Nummer Eins ist das Produkt der Evolution des biologischen Lebens und sichert nicht nur das Überleben der Menschen, sondern auch aller anderen Arten. Ein Vogel, der sich ein Nest baut, hat auch ohne Worte einen Begriff von einem guten Nest: Es ist stabil befestigt und stabil gebaut, d.h. es hält anfallende Belastungen aus und fällt auch nicht bei Sturm herunter. Außerdem ist es an einem guten Ort aufgebaut, wo es von kletternden oder fliegenden Fressfeinden möglichst nicht gesehen wird und möglichst schwer erreichbar ist. Natürlich ist die biologische Intelligenz eines Menschen der biologischen Intelligenz der anderen Tiere in unserer Biosphäre weit voraus. Der »Intellekt« behauptet aber mit einer höchst unverfrorenen Dreistigkeit, es sei vor allem sein Verdienst – und nicht etwa die Errungenschaft der biologischen Intelligenz und deren Leistungen auf dem Gebiet der symbolischen zwischenmenschlichen Kommunikation.

Das biologische Bewusstsein hat sich in Millionen von Jahren vom Einzeller zum heutigen Menschen entwickelt. Das Fehlen oder Vorhandensein von biologischer Intelligenz interessiert z.b. eine Notärztin am Unfallort. Biologische Intelligenz ist ein wesentliches Kennzeichen des Lebens. Das biologische Bewusstsein (ohne Geist) wird auch geringschätzig als bloße »Reizempfänglichkeit« oder »Irritabilität« abgetan.

Der auffälligste Bestandteil des menschlichen Zentralnervensystems ist das Gehirn. Das menschliche Gehirn – ebenso wie die Gehirne anderer Wirbeltiere – macht sich automatisch einen Begriff von der Welt. Das Nervensystem sammelt, speichert und verarbeitet alle Informationen, die für das Leben eines Lebewesens notwendig sind. Es ist ein verteiltes Netzwerk mit 80-100 Milliarden Netzwerkknoten (Neuronen) und ihrer Unterstützungszellen. Wesentlich beeindruckender als die nackte Anzahl der Neuronen ist die Anzahl der Verbindungen zwischen den Neuronen untereinander. Im Durchschnitt hat jedes Neuron etwa 1000 direkte Verbindungen zu den benachbarten Neuronen. Deshalb braucht jedes Neuron maximal 4 Neuronen als Verbindungsglieder, um mit jedem anderen Neuron im Gehirn indirekt kommunizieren zu können. Dabei kann ein Neuron Reize verzögern, verstärken oder abschwächen. Aufgrund der enormen Anzahl der Verbindungen pro Neuron ist es schwer, die Verbindungen von Neuronen zu ihren Nachbarn grafisch in einer dreidimensionalen Darstellung darzustellen. Das gelingt kaum, ohne die Anzahl der lokalen Verbindungen zwischen den Neuronen stark zu verkleinern.

Die gesamte Anzahl der Verbindungen zwischen allen Neuronen ist so groß, dass trotz der enormen Packungsdichte auf kleinstem Raum die Länge aller Reizleiterbahnen eines einzigen Gehirns aneinandergereiht etwa den fünffachen Erdumfang ergeben würde. Eine Routenplanersoftware – wie sie z.b. in jedem Navigationsgerät steckt – die versuchen würde, jeden möglichen Verbindungspfad von jedem Neuron zu jedem anderen Neuron im Gehirn ein einziges Mal auszurechnen wäre sehr, sehr lange Zeit damit beschäftigt, selbst wenn das dazu errichtete Rechenzentrum mit einer unvorstellbaren Kapazität ausgestattet wäre. Trotzdem wäre eine derartige Berechnung eine ungeheure Vereinfachung im Vergleich zu den Vorgängen in einem Gehirn: Eine Routenplanersoftware geht davon aus, dass wir mit dem Auto nur über eine einzelne Verbindungsstrecke von A über B über C über D nach E fahren – und nicht über eine Vielzahl von Verbindungsstrecken gleichzeitig parallel, wie es bei der Reizleitung und -bearbeitung im Gehirn eines Wirbeltiers der Fall ist (Multipath-Routing). Zudem werden im Gehirn Reize nicht nur weitergeleitet sondern auch zwischengespeichert und verändert - verstärkt oder abgeschwächt, verzögert, blockiert und so weiter. Während das Rechenzentrum versuchen würde, die Komplexität des Graphen, seiner Ecken und Kanten im momentanen Zustand eines einzelnen Augenblicks abzubilden, hätte sich das Gehirn in seiner inneren Struktur längst wesentlich verändert.

Auch wenn wir die Funktionsweise von Gehirnen noch lange nicht in Gänze verstehen, können wir doch folgendes sagen: Die Ursache der biologischen Intelligenz von Gehirnen ist die Schwarmintelligenz ihrer Zellen. Jedes Neuron wirkt als Agent in einem Schwarm, der einfachen Regeln folgt, die durch seinen biologischen Aufbau bedingt sind. Das Zusammenwirken dieses Agentenschwarms folgt einem Prinzip, dass man als Stigmergie bezeichnet und das keiner zentralen Planung bedarf:

> Stigmergie ist ein Prinzip der verteilten, indirekten Koordination von einfachen, zusammen wirkenden Agenten. Eine Aktion oder Reiz stimuliert in einem Agenten eine Aktion, durch die in dessen Umwelt weitere Reize oder Aktionen stimuliert werden. Diese Aktionen können sich durch Wechselwirkungen verstärken. Das Zusammenspiel der Agenten nach einfachen Regeln führt zu einem nach aussen hin intelligent agierenden, zielgerichteten Vorgehen. Stigmergie ist eine verteilte Form der Selbstorganisation. Sie produziert komplexe, intelligente Strukturen, ohne die Notwendigkeit für eine zentrale Planung, Steuerung, oder die direkte Kommunikation zwischen den beteiligten Agenten.

Das Prinzip der Stigmergie ist in der Natur u.a. bei Insektenschwärmen zu beobachten. Der Aufbau und die Funktion des neuronalen Netzes in einem Gehirn muss zwangsläufig dem Prinzip der Stigmergie folgen. Als einzelner Agent kann kein einzelnes Neuron über die Intelligenz des gesamten Schwarms verfügen. Daraus folgt: Es existiert in der Schwarmintelligenz des Gehirns kein Zentralneuron, überhaupt keine Steuerungszentrale, die in der Lage wäre, den Schwarm effektiv zu verwalten und zu steuern. Auch das Gehirn als Ganzes könnte das nicht leisten. Wo sollte eine solche Zentrale die kognitive Kapazität her nehmen, die dazu in der Lage wäre, ein Gesamtsystem mit einer derartigen Komplexität zu verstehen? Diese Annahme ist absurd und völlig unlogisch.

Trotz dieser beeindruckenden Tatsachen beurteilen die meisten Menschen durch ihren »Verstand« aufgrund gewisser Ideologien ihre eigene biologische Intelligenz und das daraus entstehende gefühlte Wollen (den Eigenwillen des biologischen Systems) sehr herablassend oder stehen ihm sogar feindselig gegenüber.

Damit kommen wir nun zur Definition von Bewusstsein Nummer Zwei.

4.0.2 Bewusstsein Nummer Zwei

Damit sind alle symbolischen Prozesse gemeint, die wir willkürlich im Sprachzentrum des Gehirns ablaufen lassen. Daran direkt beteiligt ist nur ein Bruchteil der Neuronen im Gehirn. Wir Menschen halten uns wegen Bewusstsein Nummer Zwei über die Tierwelt erhaben. Sogar für einzigartig. Warum das so ist, hat uns wohl das Bewusstsein Nummer Zwei in unserem Sprachzentrum erklärt.

4.0.3 Urknall des Bewusstseins

Seit 1969 entwickelte der US-amerikanische Psychologe Julian Jaynes in einer Reihe von Vorlesungen und Vorträgen eine radikale neurowissenschaftliche Theorie über die Entstehung des Bewusstseins Nummer Zwei, die unter dem Begriff »Bikameralität« bekannt geworden ist. Die Theorie sorgte ab 1976 für Aufsehen, nachdem Julian Jaynes sie in einem populärwissenschaftlichen Buch mit dem Titel "Der Ursprung des Bewusstseins durch den Zusammenbruch der bikameralen Psyche" veröffentlicht hatte. Seine Arbeit wurde viel gelobt und als »Urknalltheorie des menschlichen Bewusstseins« gefeiert.

In seinem Buch findet sich unter anderem dieser bemerkenswerte, aber viel zu wenig beachtete Satz über Bewusstsein Nummer Zwei:

> Das Bewusstsein taucht in einem bestimmten Stadium der Evolution als echte Neubildung auf. Ist es erst einmal da, lenkt es die Abläufe im Gehirn und wirkt kausal auf das Verhalten des Körpers ein.[2]

Ich betone nochmals, dass Julian Jaynes hier mit Bewusstsein nicht die Schwarmintelligenz der Neuronen von Bewusstsein Nummer Eins meint. In diesem Zitat steckt eine bahnbrechende und doch irgendwie selbstverständliche Erkenntnis: Im Verlauf der Evolution hat der Prozess des metaphysischen Symbolismus, den wir heute allgemein irrtümlich als »Bewusstsein« bezeichnen, die Kontrolle über das biologi-

---

[2] Julian Jaynes: »Der Ursprung des Bewusstseins durch den Zusammenbruch der bikameralen Psyche«. Erstes Buch, Einführung

sche Bewusstsein Nummer Eins übernommen und beeinflusst seitdem kausal das Verhalten des Körpers. Julian Jaynes stellt hier einfach lapidar fest, dass uns seit diesem Zeitpunkt die Illusion eines höheren Bewusstseins beherrscht. Das ist für ihn nicht weiter der Rede wert, weil er selbst aus tiefstem Herzen daran glaubt, dass es damit seine Richtigkeit hat. Ihn beschäftigt nur die Evolution innerhalb des metaphysischen Symbolismus. Die Existenz von Bewusstsein Nummer Eins nimmt er einfach als gegeben hin. So wie es auch Sigmund Freud in seinem »Strukturmodell der menschlichen Psyche« getan hat. Freud nannte das Bewusstsein Nummer Eins schlicht »das Es«, Bewusstsein Nummer Zwei dagegen »Ich« und »Über-Ich«. Damit war für Freund das eigentliche Bewusstsein abgehakt und er wandte sich stattdessen den Betrachtungen innerhalb des metaphysischen Symbolismus zu. Bei Jaynes ist es genauso. Bewusstsein Nummer Eins ist für ihn schlicht nur die »Reizempfänglichkeit«. Für die ungeheure Tragweite der lapidaren Feststellung, dass Bewusstsein Nummer Zwei in der Evolution die Kontrolle über das biologische menschliche Bewusstsein übernommen hat, ist er dagegen blind. Bewusstsein Nummer Eins ist für ihn einfach gegeben.

Wir können bis heute nicht einmal annähernd präzise sagen, wann der metaphysische Symbolismus (Bewusstsein Nummer Zwei) die Kontrolle über das biologische Bewusstsein Nummer Eins übernommen hat. Der Zeitpunkt des Geschehens liegt mit Sicherheit weit mehr als 4200 Jahre in der Vergangenheit, denn aus dieser Zeit existieren bereits schriftliche Überlieferungen wie z.B. der Gesetzestext von Ur-Nammu, in denen Herrschaft durch Götterglauben legitimiert wird. Da Religionen durch metaphysischen Symbolismus entstehen, sind religiöse Handlungen ein eindeutiger Nachweis für dessen Vorhandensein. Vielleicht liegt dieser tragische Wendepunkt in der menschlichen Geschichte einige zehntausend Jahre zurück – aber auch das ist pure Spekulation. Das Auftreten von Kunst – Wandbilder und Felszeichnungen – betrachte ich nicht als Nachweis. Es ist also schwierig bis unmöglich, diesen Punkt zu klären. Was wir aber sicher sagen können: Wir nehmen heute fast alle in uns den »Bewusstseinsprozess« des Bewusstseins Nummer Zwei wahr und stehen unter seinem Einfluss.

Julian Jaynes hat dagegen eine seltsame Theorie über die Evolution innerhalb des metaphysischen Symbolismus entwickelt, ohne sich über das Phänomen selbst zu wundern. Danach haben die Menschen erst seit dem späten Pleistozän – etwa 70.000 bis 8.000 Jahre v. Chr. – eine komplexe Sprache und damit überhaupt die Möglichkeit eine frühe Form von Bewusstsein (Nummer Zwei natürlich) zu bilden, denn laut Julian Jaynes ist das Bewußtsein nichts anderes ist als eine Analogwelt auf sprachlicher Basis. Damit hatten sie aber bis vor etwa 3000 Jahren noch kein richtiges, subjektives Meta-Bewusstsein: Sie waren sich nicht bewusst, dass sie ein Bewusstsein (Nummer Zwei selbstredend) hatten und sie dachten nicht, dass sie dachten, weil sie nicht in der Lage waren, bewusst darüber nachzudenken. Daran schuld sei die Bikameralität. Die Menschen der Antike hätten in Krisensituationen halluzinatorisch Stimmen aus der rechten Gehirnhälfte wahrgenommen, die von der linken Gehirnhälfte als Stimmen der Götter interpretiert wurden. Der göttlichen Autorität der körperlosen Stimmen im Kopf hätten die Menschen »automatenhaft« gehorcht, ohne zu zögern.

Julian Jaynes bezieht sich im neurobiologischen Teil seiner Theorie auf ein Areal in der rechten Gehirnhälfte, das dem Sprache verarbeitenden Wernicke-Zentrum in der linken Gehirnhälfte spiegelbildlich gegenüber liegt und mit ihm über einen etwa 3 mm dicken Nervenstrang verbunden ist, die Commissura anterior rostri ce rebri. Im rechten Areal der Gehirnhälfte seien die Stimmen der Götter entstanden. Er behauptet, die rechte Gehirnhälfte hätte ihre Signale über die Commissura anterior in der Form von gesprochener menschlicher Sprache an die linke Gehirnhälfte übertragen. Julian Jaynes bezeichnet den Teil der rechten Gehirnhälfte, den er als Urheber der Stimmen der Götter sieht als »Halluzinationszentrum«. Da die Verbindung zwischen dem Wernicke-Zentrum und dem »Halluzinationszentrum« über die Commissura anterior nur schmal ist, hätte die rechte Gehirnhälfte die menschliche Sprache als effiziente Methode der Informationsübertragung genutzt.

Der neurobiologische Teil der Theorie von Julian Jaynes ist – völlig zu recht – umstritten. Hoch geschätzt wird Julian Jaynes dagegen bis heute allgemein als Psychologe, vor allem aber als Historiker der Psychologie. Dem ersten Teil seines Buches, in dem Jaynes nachweist, dass in der Vor- und Frühgeschichte Menschen und ihre menschlichen Gesellschaften existiert haben, deren Mitglieder kein Meta-Bewusstsein im heutigen Sinne hatten, kann man kaum widersprechen. Kaum jemand widerspricht außerdem seiner Ansicht, dass sich das Meta-Bewusstsein Nummer 2 durch die Sprache gebildet hat, beziehungsweise, dass der innere Bewusstseinsraum nur durch und dank der menschlichen Sprache existiert. Es ist schließlich selbstevident, dass ein »Bewusstseinsraum« innerhalb der Sprache nicht ohne Sprache existieren kann. Damit hat Jaynes außerdem ganz nebenbei nachgewiesen, dass das Bewusstsein Nummer Zwei evolutionsgeschichtlich jünger ist als die menschliche Sprache. Weite Strecken seines Buches sind auch heute noch überzeugend, haben zu vielen Untersuchungen und Studien angeregt oder haben sich als wahr erwiesen. Der generelle Gedanke eines »geteilten Selbst« hat bei Psychologen und Neurowissenschaftlern Anklang gefunden. Aber: Beim Blick auf das »geteilte Selbst« ist immer eine Teilung innerhalb von Bewusstsein Nummer Zwei gemeint – dabei liegt ja die eigentliche Teilung zwischen Bewusstsein Eins und Bewusstsein Zwei. Das wird aber übersehen, dafür sind die meisten Menschen bis heute einfach blind.

Julian Jaynes erörtert die Rolle von inneren Stimmen, die direkt im Gehirn entstehen und dort wahrgenommen werden, wie sie auch heute noch bei schizophrenen Menschen auftreten. Schizophrene Erkrankungen mit Stimmhalluzinationen erklärt er kurzerhand als Rückfall in das bikamerale Bewusstsein der Antike. Er untersucht die Rolle von Stimmen im Gehirn in der menschlichen Wahrnehmung und im Verhalten.

Er übersieht dabei: Jeder Mensch, der heute in seinem Kopf beim Nachdenken mit sich selbst redet, sich in Gedanken selbst fragt und in Gedanken selbst darauf antwortet – ein Prozess, den wir eben gemeinhin als Nachdenken oder Denken von Bewusstsein Nummer Zwei betrachten und so tun als wären Stimmen im Kopf total selbstverständlich und normal – nimmt solche inneren Stimmen im Kopf wahr. Der Vorgang des Verbalisierens von Selbstgesprächen kann auch in der Form von unsichtbaren Schriftzeichen und unsichtbaren gebärdenden Personen stattfinden. Julian Jaynes schildert dazu den Fall einer schizophrenen Gehörlosen und eines hörenden Schizophrenen, der unsichtbare Botschaften an sich selbst in der Form von Schriftzeichen sieht. Es sind also nicht immer nur Stimmen.

Wir interpretieren solche »Stimmen« heute in der Regel nicht (mehr) als die Stimmen von Göttern, sondern als die körperlosen und tonlosen Stimmen unseres Bewusstseins, unser Geistes oder unserer Seele, mit denen wir uns perfekt identifizieren, so dass sie uns überhaupt nicht als »fremde« Stimmen oder »Halluzinationen« erscheinen – und doch werden wir nach wie vor von Sprache in unseren Köpfen beeinflusst, sind wir ihr hörig.

Um seine Theorie der Bikameralität von Bewusstsein Nummer Zwei in der Antike zu begründen, musste Julian Jaynes unter anderem nachweisen, dass menschliche Gesellschaften in der Vergangenheit existiert haben, die gar kein Bewusstsein Nummer Zwei im heutigen Sinne hatten. Zu diesem Zweck weist er sehr anschaulich und faktenreich durch einen Blick in die historische Entwicklung der Psychologie und mit dem Verweis auf einige bekannte Experimente nach, wozu das durch sprachliche Kognitionen entstehende Bewusstsein Nummer Zwei nicht erforderlich ist. Diesen Teil des Buches empfinde ich als brillant und überaus lesenswert. So erklärt er anschaulich, dass das Bewusstsein Nummer Zwei des metaphysischen Symbolismus nicht dafür verantwortlich ist, dass wir dazu in der Lage sind:

1. Zu urteilen
2. Einen Begriff von einer Sache zu haben oder einem komplexen Sachverhalt zu verstehen
3. Zu lernen
4. Dass der Ort, wo die Menschen sich den Sitz des inneren Bewusstseinsraums vorgestellt haben, im Laufe der Geschichte mehrfach gewechselt hat.

Also – wozu brauchen wir dieses komische Bewusstsein Nummer Zwei überhaupt? Es ist nicht mehr als eine fixe Idee und eine Methode der Herrschaft, der verinnerlichten Unterwerfung und Grundlage des Glaubens.

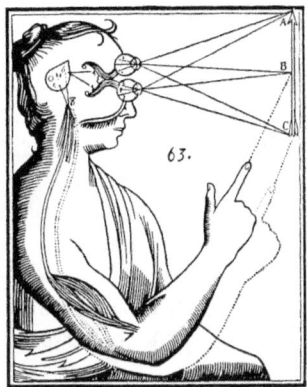

Abbildung 4.1 – Illustration des ontologischen (metaphysischen) Dualismus von René Descartes: Reize werden von den Sinnesorganen zur Epiphyse (Zirbeldrüse) im Gehirn geleitet und dort vom Homunkulus – der kartesischen »res cogitans« (= denkende Sache, Geist), im Gegensatz zur res extensa (= äußere Sache, Körper) – verarbeitet.

Der Ort, an dem der innere Bewusstseinsraum von Bewusstsein Nummer Zwei gedacht wird, ist mehr oder weniger zufällig – er wechselte in der Antike vom Zwerchfell in das Herz und erst später in den Kopf. Seitdem pilgert er durch das Gehirn und hat sich jetzt im Vorderlappen des Großhirns breit gemacht. Es macht durchaus Sinn, den Ort des Schauspiels dort zu vermuten. Rene Descartes lokalisierte den Sitz des Bewusstseins Nummer Zwei – »res cogitans« (= denkenden Sache) – in der Zirbeldrüse. Die moderne Sichtweise, dass der virtuelle Raum der symbolischen Metaebene sich im Stirnlappen des Großhirns befindet, dürfte der Wirklichkeit bislang am Nächsten kommen, jedenfalls näher als im Zwerchfell, im Herz, im kleinen Zeh oder im Kehlkopf.

Julian Jaynes weist einige fundamentale aber folgenschwere Feststellungen nach: Bewusstsein Nummer Zwei war nicht schon immer da. Das metaphysische Bewusstsein Nummer Zwei ist daher selbstredend nicht vom Himmel gefallen (von einem mythischen Geistwesen in den

Menschen gehext) und es existiert auf der Grundlage der menschlichen Sprache. Vor der Existenz der menschlichen Sprache hat es daher auch kein Bewusstsein Nummer Zwei gegeben – auch kein bikamerales Bewusstsein. Ohne Sprache hätten die Menschen der Antike die Reden der Götter (aus der rechten Gehirnhälfte) schlicht nicht verstanden. Das bedeutet auch, dass nicht das Meta-Bewusstsein zur Bildung der menschlichen Sprache geführt hat, sondern dass umgekehrt die biologische Intelligenz von Bewusstsein Nummer Eins zur menschliche Sprache geführt hat und dann sich der evolutionäre Betriebsunfall ereignet hat: Die Illusion einer virtuellen Intelligenz des metaphysischen Symbolismus trat in die Welt, die uns heute beherrscht und die wir heute so großzügig überschätzen.

Es gilt festzuhalten: Bis zu dem Zeitpunkt, als sich die erste Form des imaginären Bewusstseins des metaphysischen Symbolismus durch die Sprache gebildet hat, gab es nur das Bewusstsein Nummer Eins unseres Nervensystems, unbeeinflusst von sprachlichen »Denkprozessen« im inneren Bewusstseinsraum. Es ist absurd, wenn Menschen heute auf ihr biologisches Bewusstsein als etwas vergleichsweise Niederes und Minderwertiges herab schauen. Sie sind vielmehr Opfer einer fixen Idee des metaphysischen Symbolismus geworden.

Kapitel 5

Denken, ohne zu denken

Stellen Sie sich vor, dass Sie einer Person begegnen, die Ihnen folgendes sagt:

> Immer dann, wenn ich ein schwieriges Problem lösen muss, stelle ich mir jemand vor, der klüger ist als ich und der löst dann das Problem.

Halten Sie das für einen viel versprechenden Lösungsansatz? Ich hoffe nicht.

Ein Bekannter, der in seiner Jugend gerne Pen- und Paper-Rollenspiele gespielt hat, hatte dazu den passenden Kommentar: »Ein Spieler mit der Intelligenz von Level 5 kann keine überzeugende Spielfigur von Level 7 erschaffen«. Das ist schlicht unmöglich. Diese Methode einer vermeintlich bewusstseinserweiternden Problemlösungsstrategie ist kindisch und ganz offensichtlich dysfunktional. Falls Sie solchen Personen begegnen sollten, versuchen Sie bitte es ihnen geduldig mit logischen Argumenten auszureden. Es ist überaus angenehm, wenn man sich nicht von Idioten umzingelt fühlt.

Was gewinnt der Spieler von Level 5, der sich vorstellt, dass in seinem Kopf ein virtueller Spieler von Level 7 agiert, mit dem er sich identifiziert? Ein falsches Selbstvertrauen, das auf tönernen Füßen steht und sich effektiv sogar gegen den Spieler wendet. Das Resultat der Virtualisierung ist ein Rückschritt hinter den vorherigen Zustand ohne die Simulation. Die Virtualisierung einer (vermeintlich) höheren Intelligenz ist nicht kostenlos, sondern geschieht zu Lasten des Nervensystems, das die Anstrengung der Virtualisierung leistet: "Big plans, small brains!" Der Spieler von Level 5 begibt sich durch die Anstrengung der Virtualisierung eines Charakters von vermeintlich Level 7 (in Wirklichkeit Level 3) auf ein Niveau, dass wesentlich unter seinen tatsächlichen Fähigkeiten liegt. Der Vorgang der Virtualisierung erzeugt Reibungsverluste, das Ergebnis enttäuscht bei kritischer Prüfung, die erhabene Intelligenz erweist sich in Wahrheit als Selbsttäuschung. Die Methode der »Bewusstseinserweiterung« entpuppt sich als Regression.

Man kann das vor allem Informatikern ganz leicht erklären, die Serversysteme betreuen. Es ist heute gängige Praxis, virtuelle Server in physikalischen Servern zu virtualisieren. Ein irrer IT-Administrator könnte nun auf die Idee verfallen, dass eine virtuelle Maschine schneller läuft und mehr Ressourcen hat, als der Computer, in dem sie gestartet wurde. Zum Beispiel könnte unser irrer IT-Administrator auf die Idee kommen, dem Virtualisierungsprozess zu sagen, dass er über mehr Arbeitsspeicher verfügt, als der physikalische Server, in dem der Virtualisierungsprozess läuft. Eine solide Virtualisierungssoftware prüft, ob tatsächlich soviel RAM im System vorhanden ist, bevor sie startet. Ansonsten wird das Virtualisierungssystem spätestens dann abstürzen, sobald der virtuelle Server etwas in dem nicht vorhandenen Arbeitsspeicher abzulegen versucht. Das gastgebende System würde den anmaßenden, heiß laufenden Prozess kommentarlos abschießen.

Ich habe das mal zum Spaß in meinem Computer unter Linux mit »kvm«, der Kernel-based Virtual Machine ausprobiert. Das System hat 4 Gigabyte physikalischen Arbeitsspeicher. Ich habe aber versucht, der virtuellen Maschine auf der Kommandozeile doppelt so viel Arbeitsspeicher zuzuweisen. Nicht kleckern, sondern klotzen:

irrerAdmin@beschraenktesSystem:
kvm -m 8000
qemu-system-x86: cannot set up guest memory "pc.ram":
Cannot allocate memory
Aborted (core dumped)

Übersetzt: Kann dem Gast den Speicher nicht zuweisen. Abgebrochen. Informationen zur Fehlerdiagnose des Programmabsturzes wurden aufgezeichnet. So einfach und preiswert kann man also das RAM seines Computers nicht upgraden.

Eine Virtualisierung von Intelligenz im menschlichen Nervensystem, von der irre Gehirnadministratoren annehmen, dass sie ihr längst mehr Intelligenz zugewiesen haben, als sie tatsächlich besitzen, nennen die Menschen heute »Bewusstsein« und sie betrachten dieses dümmliche Phänomen als eine Erweiterung ihrer biologischen Intelligenz. Eigentlich müsste auch da die Fehlermeldung erscheinen: »Cannot allocate intelligence. Aborted (core dumped)«.

Liegt die Betonung auf dem Erleben von Gefühlen, ist statt von »Bewusstsein« auch von »der Seele« die Rede. Die Idee des »höheren Bewusstseins« in der metaphysischen Welt des sprachlichen Symbolismus ist eine Virtualisierung, eine Sockenpuppe des menschlichen Gehirns. Die Vorstellung, dass ein Individuum sein eigenes Gehirn durch diese Sockenpuppe steuern muss, um einen positiven Effekt für sich selbst zu erzielen, gehört in das Reich der Märchen und Illusionen, die eigentlich psychiatrische Maßnahmen erfordern – auch ohne Einverständnis der Patienten. Positiv ist eine Entfremdung vom Eigenwillen dagegen für den Missbrauch durch andere, die auf diese Weise ihren Fremdwillen einprogrammieren können. Es ist ein Menschheitstraum, künstliche Roboter zu bauen, die uns die Arbeit abnehmen. Biologische Roboter gibt es dagegen an jeder Straßenecke. Sie kosten wenig und haben den Vorteil sich selbst zu reproduzieren. Die Reproduktionsrate der biologischen Roboter lässt sich sogar noch steigern, wenn man Empfängnisverhütung verbietet.

KAPITEL 5. DENKEN, OHNE ZU DENKEN

Die Idee der Bewusstseinserweiterung durch metaphysischen Symbolismus folgt der Logik des irren IT-Administrators. Es ist schlicht Selbstbetrug und für jeden Selbstbetrug gibt es gerissene Betrüger, die das auszunutzen wissen. Ich mag ja die Bezeichnung »Gast« für die virtuelle Maschine. Sollten wir in Zukunft nicht besser, anstatt vom »freien Willen« zu reden, von einem zerebralen »Gast« reden? Von Gästen erwartet man ja auch, dass sie sich benehmen. Ansonsten werfen wir sie hinaus.

Ein Gehirn kann nicht sich selbst steuern – eine Fähigkeit, die die meisten Menschen ganz selbstverständlich ihrem vermeintlich »höheren Bewusstsein« zuschreiben, das sie sich selbst zuschreiben – denn dazu bräuchte es ein zweites, steuerndes und darüber hinaus auch noch viel größeres, völlig überlegenes Gehirn, das jedes einzelne Neuron des kleineren Gehirns überwachen müsste. Außerdem müsste das größere Gehirn auch noch dazu in der Lage sein, nicht nur den Ist-Zustand des kleineren Gehirns zu determinieren, sondern sich daraus auch einen Reim machen können. Damit hätten wir nun einen allmächtigen Beobachter im kleinen Gehirn. Der nächste – und noch viel kompliziertere – Schritt wäre, in die Tätigkeit des kleineren Gehirns einzugreifen und dabei das zu erwartende Resultat vorher zu berechnen. Aber welchen Sinn sollte ein solcher Versuchsaufbau und Eingriff haben – und wer oder was könnte das überhaupt leisten, also richtig planen und erfolgreich umsetzen? Etwa das Gehirn eines allmächtigen mystischen Geistwesens? Und wozu sollte der Versuch, ein Gehirn zu steuern, überhaupt gut sein? Sind menschliche Gehirne nicht gut genug, so wie sie es bereits durch ihre Natur sind? Wäre es uns etwa daran gelegen, das kleinere Gehirn zu versklaven? Warum sollten wir das tun? Und vor allem: Warum sollten wir uns das selbst antun?

Wir brauchen eine neue Epoche der Aufklärung – eine Aufklärung 2.0. Die Devise muss lauten: Intelligenz trainieren und Gehirnwäsche deprogrammieren.

Ob nun primitiv oder komplex – die Kapazität eines menschlichen Gehirns kann niemals ausreichend sein, um ein neuronales Netz von der

Komplexität und Kapazität eines menschlichen Gehirns zu überwachen und zu steuern – geschweige denn, sich selbst. Die Intelligenz eines Nervensystems entsteht intrinsisch, d.h. von innen heraus – durch das Rauschen der Synapsen, durch die Schwarmintelligenz der 80-100 Milliarden Neuronen, die sich selbst organisieren, ohne eine Zentrale zu haben. Die biologische Intelligenz ist nur »Hardware«. Die vermeintlich erhabene »Software« – der kartesische Gehirnbeobachter – ist nur ein Blender. Ein neuronales Netz kann man nur trainieren, nicht steuern! Wie sollte der komplizierte Schwarm eines neuronalen Netzes in der Lage sein, sich gleichzeitig auf eine virtuelle Meta-Ebene zu begeben, um sich von dieser Meta-Ebene aus selbst zu beobachten und von dort aus auch noch planvoll einzugreifen? Auch wenn diese Vorstellung vorstellbar ist, so heißt es nicht, dass dieses Konzept funktioniert, d.h. funktional ist. Wo die Ressourcen dafür hernehmen? Wenn ein Mensch sich in Gedanken bei der Selbstreflexion von außen betrachtet, so ist der Standpunkt des äußeren Betrachters imaginär – der äußere Betrachter ist eine Vorstellung des vermeintlich beobachteten Gegenstands und damit selbstreferentiell. Auch der vom Standpunkt des äußeren Betrachters beobachtete Gegenstands ist wiederum nur eine Projektion, eine imaginäre Vorstellung: "Ich stelle mir jemand vor, der mich beobachtet und dann stelle ich mir vor, wie der mich sieht." Aber warum?

"Gebt mir einen Fixpunkt im Universum und einen Hebel der lange genug ist – und ich werde in der Lage sein, die Erde aus den Angeln zu heben!"

Allein: Es fehlt der Fixpunkt! Wenn man den Planeten Erde »aus den Angeln heben« will, darf der Fixpunkt, an dem der Hebel angesetzt wird, kein Punkt auf der Erde selbst sein. Genau das ist der Webfehler (Konstruktionsfehler) der Selbstbetrachtung und Selbstreflexion. Es ist, wie wenn Baron Münchhausen sich am eigenen Haarschopf ohne einen Angelpunkt aus dem Sumpf in die Höhe ziehen will. Man kann sich das in der Phantasie vielleicht vorstellen und sich auch selbst einreden, aber das war es auch schon.

Das höhere Bewusstsein, dass durch bewusste innere Anstrengung des

Kopfes »Höheres« erreichen will, steht vor genau diesem Problem. Die »höhere« Intelligenz, die in das Gehirn eindringt und es zu »höheren Weihen« steuert – wo soll sie herkommen? Aus der angeblich »niedrigen« Intelligenz des Gehirns? Wohl kaum. Ein logisches Problem, dass man auch nicht dadurch lösen kann, indem man die eigene Sprache vergöttert und personifiziert – so wie das bislang unter anderem von den Religionen praktiziert wird.

Religionen sind dazu in der Lage, alle Fragen zu beantworten, aber es sind sehr einfache, absurde Antworten und sie sind alle falsch. Das hält die Gläubigen nicht davon ab, aus diesen einfachen Antworten Handlungen abzuleiten. Die Kuh ist krank? Sie wurde verhext. Lasst uns die Hexe finden und sie unschädlich machen, wenn sie sich weigert, den Schadzauber zurück zu nehmen!

Naive Menschen glauben, sie hätten durch den metaphysischen Symbolismus den Schlüssel zu jeder Erkenntnis – wirklich jeder. So haben sich die Menschen schon vor vielen tausend Jahren gefragt: Was unterscheidet ein lebendes Objekt von einem toten Objekt? Antwort: In dem lebenden Objekt lebt ein unsichtbares Wesen. In dem Augenblick, in dem das unsichtbare Wesen das lebende Objekt verlässt, stirbt es. Eine tolle Geschichte! Und wo kommt das unsichtbare Wesen her? Es ist ein Gespenst, das von einem anderen Gespenst geschaffen wurde, das allmächtig und der Vater des Universums ist. Und so weiter und so weiter. Zur Besänftigung des mythischen Geistwesens opferte man Menschen, den männlichen Kindern und Tieren schnitt man die Vorhaut des Penis ab und verbrannte sie als »Rauchopfer«. Ausser der menschlichen Dummheit ist nichts unendlich.

Im 18. Jahrhundert sagte der materialistische Philosoph Julien Offray de La Mettrie, dass Denken, Geist und Seele nur das Produkt organischer Vorgänge sind – bloße Funktionen des Körpers – die mit dem lebenden menschlichen Organismus entstehen und vergehen. Demzufolge bestritt er die Existenz einer unsterblichen Seele. Diese Aussagen waren allerdings Thesen, die man im 18. Jahrhundert nur unter Lebensgefahr äußern konnte, denn die ganze Gesellschaft glaubte damals einhellig an den christlichen Kreationismus.

Damit gefährdete er die Macht des Klerus. Hierarchie ist Gedankenherrschaft – Herrschaft des Geistes. Der Geistesglaube an den selbstständigen Geist des Bewusstseins, der das Zentralnervensystem steuert, ist Geisterglaube. Gedankenherrschaft ist Macht. Der Glaube an das Gespenst des Bewusstseins Nummer Zwei ist der Kern dieser Macht.

Die biologische Intelligenz des Gehirns ermöglicht die Illusion des metaphysischen »Selbst« in der virtuellen Welt des Bewusstseins Nummer Zwei – nicht umgekehrt. Die Handlungen im virtuellen Raum des metaphysischen Symbolismus verursachen nicht die Intelligenz des Gehirns. Es ist bestenfalls einfach Wunschdenken, wenn es sich nicht doch um einen ausgeprägten Wahn handelt.

Was kann man mit einer dysfunktionalen Methode zur Gewinnung höherer Weisheiten erreichen? Eine rein rhetorische Frage.

Eine zentrale Instanz, die innerhalb des Gehirns die Übersicht behält und dann auch noch kausal eingreifen könnte, gibt es aus den bereits genannten Gründen nicht und kann es auch nicht geben. Ich weiß, diese Aussagen sind völlig konträr zu der Vorstellung, die wir von unserem Bewusstsein Nummer Zwei haben. Das Bewusstsein Nummer Zwei erscheint uns zwar in unseren Köpfen, es spielt sich da aber auf einer bestimmten Ebene ab – im virtuellen Raum der sprachlichen Symbole, dessen Projektionsfläche das Sprachzentrum im Vorderlappen des Großhirns ist – und nur innerhalb dieses Raums erscheint das, was wir uns vorstellen, als möglich. Natürlich haben diese Vorstellungen, die wir uns in diesem virtuellen Raum machen, die Handlungen, die darin stattfinden, einen Einfluss auf uns. Nehmen wir als Beispiel einen Hypochonder, einen Menschen, der eine irrationale Angst davor hat, krank zu werden. Überzeugt er sich durch die innere Beschäftigung in seinem virtuellen Sprachraum davon, dass er an einer schweren unheilbaren Krankheit leidet, dann fühlt er sich alleine deshalb körperlich sehr schlecht. Das untermauert natürlich seinen Verdacht. Es bildet sich ein Teufelskreis.

Wenn ich einem eingebildeten Gespenst in meinem Kopf hörig bin, hat das Einfluss auf meine Handlungen. Gerade so, als wenn ich einer realen Person hörig bin und ihren Befehlen gehorche. Aber erhebt uns das auf einen erhabenen Zustand menschlicher Existenz?

Die meisten Menschen leben in der Illusion, dass sie ihr Gehirn steuern können und seine Entscheidungen beständig kontrollieren und überprüfen müssen. Sie lassen uns das unablässig wissen: Sie denken nach, sie machen sich Gedanken. Immerzu sind sie damit beschäftigt, Prozesse in ihrem Gehirn willkürlich zu lenken. Welche Entscheidungen nun die richtigen Entscheidungen sind, das sagen ihnen ihre Ideologie und Moral. Sie glauben unbewusst an die Existenz eines kartesischen inneren Beobachters, den denkenden Homunkulus, der die Denkprozesse beobachtet und regelt. Genauer: Sie halten sich selbst für den »Homunkulus« im Gehirn – oder, was synonym ist: die erhabene virtuelle Intelligenz im »Bewusstsein« zweiter Ordnung.

5.0.1 Der Homunkulus-Trugschluss

Denkt das menschliche Gehirn, weil darin jemand wohnt, der die Dinge regelt? Wenn ja, woher bezieht das kleine Menschlein - die kartesische »res cogitans« im Gehirn seine Intelligenz? Steckt in dem Homunkulus im Gehirn auch ein Gehirn? Wenn ja: Steckt in dem Gehirn des Homunkulus auch ein Homunkulus – und steckt in dem Homunkulus des Homunkulus auch ein Gehirn in dem ein Homunkulus steckt? Wir können diese Reihung von Matroschka-Homunkuli bis ins Unendliche fortsetzen.

Als Kinder sind wir vom Stuhl aufgestanden und zum Spielen gerannt. Als Erwachsene denken wir darüber nach, ob wir aufstehen oder sitzen bleiben. Ein Kind stellt sich keine Fragen. Es ist unbefangen und fragt sich nicht: "Was passiert, wenn ich jetzt einen Fehler mache?" Ein kleines Kind empfindet nur gefühltes Wollen: Fühlen und Wollen sind

Eins, sind unmittelbar. Der Gegensatz des Dualismus Körper/Geist oder Hardware/Software existiert im Körper eines kleinen Kindes noch nicht, weil die Dualität, der Gegensatz zwischen der virtuellen Ebene der symbolischen Autokommunikation im Kopf und der Realität noch nicht existiert. Ein Kind besitzt nur biologische Intelligenz, ebenso wie die Vorfahren der heutigen Menschen bis zur Entstehung der verbalen Meta-Ebene in ihrem Gehirn nur biologische Intelligenz besaßen. Es empfindet nur gefühltes Wollen oder Denken, keine »Gedanken«. Erst wenn es die symbolische Sprache lernt, lernt es auch sein gefühltes Wollen zu artikulieren. Gleichzeitig beginnt mit dem Spracherwerb auch der Prozess der Enkulturation: Das Kind lernt, an der Gedankenwelt der Erwachsenen teilzunehmen. Aus dem gefühlten Wollen der frühen Kindheit wird das gedachte Wollen – der angeblich freie Wille – der Erwachsenenwelt. Freier Wille ist aber nicht Eigenwille. Der freie Wille ersetzt den Eigenwillen. Ab da ist es gefangen im »Sinn« – im permanenten Widerspruch zwischen der virtuellen Welt im Kopf und der Realität.

Von einem Kind wird immer mehr verlangt, dass es seine Affekte kontrolliert und dass es sich selbst im Sinne der Gedankenwelt der Erwachsenenwelt beherrscht und anpasst. Wie man an völlig irrsinnigen Verboten, wie z.B. die Ächtung homoerotischer Liebe oder der Verbot von Beziehungen zwischen hell- und dunkelhäutigen Menschen sehen kann, können solche Anpassungen rein willkürlicher Natur sein oder sie sind bestenfalls Beschreibungen dessen, was ohnehin menschliches Verhalten ist. Im Falle der rassistischen Diskriminierung stecken handfeste ökonomische Vorteile hinter Gesetzen, die offensichtliches Unrecht zementieren: Diskriminierte Menschen werden schlechter bezahlt – wenn nicht sogar versklavt – und müssen generell schlechtere Arbeitsbedingungen akzeptieren, um die diskriminierende Geringschätzung zu kompensieren.

Ich bin schon vielen verrückten Menschen begegnet. Aber was bedeutet es »ver-rückt« zu sein? Psychisch kranke Menschen glauben, dass sie in Prozesse in ihrem Kopf eingreifen und diese regeln müssen. Das ist die Wurzel ihrer Probleme. Sie erreichen ein ozeanisches Bewusstsein (alternative Begriffe: Serenität, Tao, Zen) nur sehr selten im »Flow«

oder im Verlauf ihres ganzen Lebens nicht ein einziges Mal.

Im August 2014 ist im Campus-Verlag ein Buch mit dem Titel "Lassen Sie Ihr Hirn nicht unbeaufsichtigt!" von Christiane Stenger erschienen. Der Untertitel lautet sogar: "Gebrauchsanweisung für Ihren Kopf". Das ist so dumm, dass es eigentlich lustig ist, aber gleichzeitig ist es furchtbar traurig. Die taoistische »Anleitung zur Beaufsichtigung Ihres Gehirns« lautet dagegen: Wirf alle Anleitungen zur Beaufsichtigung des Kopfes durch die Illusion eines inneren Beobachters über Bord, anstelle sie zu füttern.

Es gibt eben die beiden, sich grundsätzlich voneinander unterscheidenden Arten von »Denken« (oder »Bewusstsein«): Die autonome Nervensystemtätigkeit – Denken ohne Denken, Denken jenseits des Denkens, ozeanisches Bewusstsein – und im Gegensatz dazu die willkürliche Tätigkeit des »Verstandes«. Einige Leute haben an dieser Stelle sofort den Einwand formuliert, dass es doch in Wirklichkeit sehr viele unterschiedliche Methoden des »Denkens« gibt. Gemeint sind damit aber nur Variationsmöglichkeiten innerhalb der »Verstandestätigkeit«. Dahinter liegt das Missverständnis, dass unter »Bewusstsein« immer nur »Verstandestätigkeit« verstanden wird. Die meisten Menschen lassen die Tatsache unberücksichtigt, dass es auch ein biologisches menschliches Bewusstsein ohne willkürliche »Verstandestätigkeit« gibt.

Willkürliches eliminatives Denken

Eine der »Spielarten« des willkürlichen »Nachdenkens« ist »eliminatives Denken«: Eine Frage wird gestellt, die einen Sachverhalt ergründen soll. Daraufhin werden Spekulationen angestellt und einzeln hinterfragt. Das Problem: Ohne Intuition werden zu Beginn keine sinnvollen Spekulationen aufgestellt, die im Anschluss eliminiert werden könnten. Der Prozess des »eliminativen Denkens« ist reine Zeitverschwendung.

Wenn man richtig »denken« will, muss man logisch vorgehen, aber an der Methode der Selbstbefragung ist nichts logisch. Wer das tut, zieht die eigene Stimme »zu Rate«. Das bringt rein gar nichts. Kommunikation bedeutet Teilen. Es gibt aber nichts, dass eine einzelne Person mit sich teilen könnte, da sie ohnehin alles mit sich selbst teilt, wenn sie Eins ist.

Meine geheime Superkraft: Ich weiß alles, was ich mir sagen möchte, schon bevor ich es mir sage.

Ich bin gemein zu Schizophrenen – aber immer nur gegen einen von denen.

Kapitel 6

Kränkungen der Menschheit

Das Selbstverständnis der Menschen im Abendland war bis in das 16. Jahrhundert n. Chr. von einer ungetrübten narzisstischen Überheblichkeit geprägt: Sie betrachteten sich selbst als die »Krone der Schöpfung« – den eigentlichen Zweck und den Höhepunkt eines mystischen Schöpfungsaktes durch einen ewiges, allmächtiges und allwissendes Geisterwesen. Die Erde unter ihren Füßen betrachteten sie als das still stehende Zentrum der Welt, um das sich alles dreht (Geozentrismus). Darüber hinaus bildeten sie sich ein unsterbliches und weises Gespenst ein, das in ihrem Körper wohnte und ihnen die Geheimnisse des Universums erklärte. Dieses Gespenst (»Geist«) habe ihnen das mystische Weltschöpferwesen bei ihrer Erschaffung eingehaucht, um sie zu beleben und mit göttlicher Weisheit auszustatten.

Sie hatten also ein besonders ausgeprägtes Ego: »Ich bin der Mittelpunkt und die Hauptsache der gesamten Welt. Die Weisheit des allmächtigen und allwissenden Welterzeugers wohnt in mir.«

Der Glaube an solche Selbstzuschreibungen schmeichelt dem eigenen Ego natürlich sehr und es lässt sich deshalb nur ungern mit Fakten auf den Boden der Realität zurück holen. Derartige Selbsttäuschungen sind den meisten Menschen lieb und teuer oder sogar »heilig«. Es wäre ihnen sicherlich auch ziemlich unangenehm, wenn sie am Ende eingestehen müssten, dass sie sich in ihrer Weltanschauung in ganz wesentlichen Punkten völlig getäuscht haben. Emotional käme das einer völligen Entthronisierung ihres Narzissmus gleich. Derartig unangenehme »Erkenntnis-Momente« nennt man heute »kognitive Dissonanz«. Trotzdem muss gelten: Die Wahrheit ist befreiend und den Menschen zuzumuten.

Auf berechtigte Zweifel an solchen Vorstellungen und Glaubenssätzen reagieren Menschen mehrheitlich allzu oft gekränkt oder beleidigt. Sie haben Angst davor, dass man ihnen ihre schönen, erhabenen Illusionen wegnimmt – auch wenn sie in Wirklichkeit darunter leiden. Es ist das Schicksal von bahnbrechenden wissenschaftlichen Erkenntnissen, gegen solche Widerstände kämpfen zu müssen. Das wissen wir spätestens seit den Prozessen gegen Giordano Bruno und Galileo Galilei im Zuge der kopernikanischen Wende. Anstatt sich über neue Erkenntnisse zu freuen, reagieren Menschen mit Abwehr und Hass. Ihre Egos fühlen sich offensichtlich in ihrem Narzissmus verletzt.

6.0.1 Die kopernikanische Wende

Durch eigene Beobachtungen kamen im 15. und 16. Jahrhundert die Astronomen Nikolaus Kopernikus und Nikolaus von Kues zu der Hypothese, dass die Erde sich dreht und außerdem wie die anderen Planeten unseres Sonnensystems um die Sonne kreist. Zunächst sorgten ihre Zweifel am geozentrischen Weltbild noch für wenig Ärger und weder Kopernikus noch Kues wurden deswegen verfolgt. Die Astronomie galt damals als eine Teildisziplin der Naturphilosophie und nur wenige Menschen interessierten sich dafür. Das kopernikanische, heliozentrische Weltbild wurde zunächst als eine einzelne Theorie unter Vielen aufgefasst und mit dem Verweis auf Bibelzitate und auf vermeintlich logische Überlegungen des »gesunden Menschenverstandes« als einfaches Hirngespinst abgetan. Doch schon Martin Luther reagierte empört und beschimpfte Kopernikus als Narren:

„Der Narr will mir die ganze Kunst Astronomia umkehren! Aber wie die Heilige Schrift zeigt, hieß Josua die Sonne stillstehen und nicht die Erde!"

Als später auch andere kluge Köpfe wie Giordano Bruno und Galileo Galilei die Thesen von Kopernikus aufgriffen, fühlte sich der Klerus in seiner Macht und seinem Ansehen gefährdet. Es war ohnehin höchst gefährlich, Irrtümer in der »göttlichen Wahrheit der heiligen Schrift« nachzuweisen. Giordano Bruno wurde wegen »Ketzerei« auf dem Scheiterhaufen verbrannt. Galileo Galilei ist diesem Schicksal nur entgangen, indem er seine Überzeugungen in einem Lippenbekenntnis widerrief.

6.0.2 Die darwinsche Wende

Mit dem wissenschaftlichen Nachweis von Charles Darwin, dass die Menschen aus der biologischen Evolution der Tierwelt hervorgegangen sind, begann die zweite wesentliche Kränkung der narzisstischen Überheblichkeit. Anstatt sich weiterhin in der erhabenen Vorstellung sonnen zu können, von einem mystischen Geistwesen nach dessen Ebenbild aus einem Lehmklumpen geformt worden zu sein, mussten die Menschen sich nun als nackte, sprechende Affen im Tierreich einordnen. Noch heute weisen manche Menschen diese Erkenntnis empört von sich: »Ich bin doch kein Affe!« Die Frage sei erlaubt: Was ist denn so schlimm daran, der Wahrheit ins Auge zu sehen?!

6.0.3 Die neurobiologische Wende

Kommen wir zu einer weiteren, einer aktuellen Kränkung des 21. Jahrhunderts, die gerade dabei ist, sich zu etablieren. Dieses Buch soll dabei helfen, dieser Erkenntnis den Weg zu bereiten.

Wenn Sie mit Willensfreiheit meinen, dass Sie eine Entscheidung unabhängig von ihrem Gehirn treffen können, dann ist nach dem etablierten

Stand der wissenschaftlichen Forschung völlig klar, dass es keine Willensfreiheit gibt. Die naive Vorstellung, dass der Wille einer »immateriellen denkenden Sache« in unserem Nervensystem uns Freiheit gibt und die Tätigkeit unserer Neuronen im positiven Sinne steuern kann, ist unhaltbar. Diese Illusion des erhabenen, »bewussten« menschlichen Bewusstseins ist ebenso unhaltbar wie die Vorstellung unhaltbar war, dass der Boden unter unseren Füßen der still stehende Mittelpunkt des Universums ist.

Für die Wissenschaft werden Gefühle und Gedanken nicht von einem immateriellen Gespenst erzeugt, sondern alleine von der selbständigen und unwillkürlichen Tätigkeit unseres Nervensystems. Der Vorstellung von einer kartesischen »res cogitans«, einem inneren Homunkulus in seinem kartesischen Theater in der Epiphyse (oder als modernere Variante im Vorderlappen des Großhirns) muss man eine klare Absage erteilen. Es gibt keine Notwendigkeit, an eine mystische innere immaterielle »denkende Sache« zu glauben, die in der Lage wäre, die Tätigkeit unseres Nervensystems im positiven Sinne durch ihre Anstrengung zu beeinflussen. Dabei strengt sich lediglich das Gehirn an, das solche Illusionen erzeugt – aber diese Anstrengungen sind nicht nur sinnlos, sie sind kontraproduktiv.

Wir können mit verbalen inneren Sprechakten im Gehirn Illusionen erzeugen und anderen dabei behilflich sein, uns damit dümmer und unterwürfisch zu machen, indem wir solchen Prozessen hörig werden und unsere Sprache uns gegenüber personifizieren, indem wie sie uns als selbständiges inneres Wesen vorstellen. Es gibt keine positiven Effekte von Wahnvorstellungen, die es wert wären, Wahnvorstellungen zu hegen. Ja, man kann durch verbale Autokommunikation im Vorderlappen des Großhirns die Entscheidungen des Nervensystems beeinflussen, aber nicht im positiven Sinne. Es handelt sich bei dieser Methode des »höheren Bewusstseins« um eine kognitive Illusion. Die Vorstellung, dass es nach der dichotomen Vorstellung von Yin und Yang einen Dualismus von positiven und negativen Illusionen geben könnte, ist ebenfalls eine Illusion.

Wenn diese Sätze Ihre Weltanschauung erschüttern sollten, dann freut es mich, dass Sie es bis hierher geschafft haben. Sie und ich können davon nur profitieren.

Einer der Hauptgründe, warum die meisten Menschen ihre Illusion der »Verstandestätigkeit« so sehr schätzen, ist die absurde Idee des »freien Willens«. Die »Willensfreiheit« ist die individuelle und subjektiv empfundene Idee, bei verschiedenen Wahlmöglichkeiten eine bewusste Entscheidung treffen zu können. Diese Vorstellung scheint den meisten Menschen aus einem mir nicht nachvollziehbaren Grund zu schmeicheln. Es wird dabei gerne unterstellt, dass nicht-menschliche Tiere – wie zum Beispiel ein Bär – diese Wahlmöglichkeit nicht besitzen. Das ist albern. Auch ein Bär hat die Möglichkeit zu wählen und Entscheidungen zu treffen. Interessiert ihn der süße Duft unseres Mülleimers mehr, oder möchte er lieber der Fährte einer Hirschkuh nachlaufen? Das Bärenhirn entscheidet sich, auch ohne sich dazu in einer Bärensprache auf einer sprachlichen Meta-Ebene Fragen stellen zu müssen. Es ist ungeheuer hirnverbrannt, sich vorzustellen, dass man sich selbst Fragen stellen muss, um sich entscheiden zu können oder urteilen zu können. Oder, noch viel absurder: Sich selbst durch die Meta-Ebene des Bewusstseins Dinge zu verbieten, um damit die eigene Überlegenheit vermeintlich unter Beweis zu stellen.

Das Denken des Verstandes basiert auf Sprache und ist deswegen immer von der Willkür des Denkenden und dessen politischem, kulturellem, gesellschaftlichem und zeitlichem Hintergrund geprägt – dem »Zeitgeist«. Das »Verstandesdenken« findet auf einer verbalen Meta-Ebene des Bewusstseins statt. Sicher - wir Menschen sind durch die sprachliche Meta-Ebene unseres Bewusstseins dazu in der Lage, uns selbst Handlungen zu gebieten - die wir nicht wollen – und andererseits uns Handlungen zu verbieten, die wir ausüben wollen. »Nur wer sich selbst beherrschen kann, kann einen freien Willen haben.« Aber was beweist das? Warum verbieten oder befehlen wir uns selbst Dinge? Um anderen zuvor zu kommen, die es uns verbieten werden? Man muss thematisieren, dass Menschen sich selbst auf ihrer sprachlichen Meta-Ebene im Sinne anderer herumkommandieren. Der Geist von Ur-Nammu spukt immer noch in den Köpfen.

Das rein biologische Denken der Nervensystemtätigkeit ist dagegen universell, rein menschlich und zeitlos. Es ist einfach, anstrengungslos, ehrlich und geht gerade aus – während das bewusste, abstrakte Denken auf Meta-Ebene willkürlich und durch äußere Einflüsterungen korrumpierbar ist. Diese Annahmen vorausgesetzt, lässt sich die Philosophie des Nicht-Denkens ganz einfach erklären: Die Philosophie des Nicht-Denkens verzichtet bewusst auf die Tätigkeit des »Verstandes« und sie hat gute Argumente dafür. Die Philosophie des Nicht-Denkens ist daher eine Form des Naturalismus – wie es auch der Taoismus ist: Der natürliche menschliche Körper verfügt bereits ohne Verstandestätigkeit über eine ausreichende biologische Intelligenz, Erinnerungsvermögen, Urteilsfähigkeit, die Fähigkeit sich Begriffe von einer Sache zu machen, zwischenmenschliche Sprache – kurz: Ein komplexes natürliches biologisches Bewusstsein, zwischenmenschliche sprachliche Kommunikation. Wer danach trachtet, die Leistung der biologischen Intelligenz durch das Denken auf der Meta-Ebene zu vergrößern – vergrößert nur das Chaos und die Verwirrung.

Wer hat denn dieses Buch hier geschrieben? Das Gehirn von Elektra Wagenrad im Körper von Elektra Wagenrad oder der »Geist« von Elektra Wagenrad? Ich glaube nicht, dass ich einen »Geist« habe. Die Idee der Meta-Ebene des Bewusstseins (Verstand) ist lediglich oben drauf gepfropft. Über zwischenmenschliche sprachliche Kommunikation erweitert sich das Wissen des biologischen Bewusstseins und die Gehirne von Individuen können zusammen arbeiten. So können sie zusammen an Problemlösungen wirken. Das biologische Bewusstsein ohne das virtuelle Bewusstsein der Meta-Ebene genügt als Bewusstsein für mich als Mensch vollauf. Sprachliche Kommunikation innerhalb eines Körpers innerhalb einer Gehirnregion ist dagegen völlig sinnlos.

An einem realen Kommunikationspartner als Fixpunkt mangelt es bei jedem Selbstgespräch! Nach dem Newtonschen Satz von Aktion und Reaktion bringen Selbstgespräche auf der Meta-Ebene nichts. Es gibt keinen Fixpunkt für den Hebel, es gibt keinen Input. Es strömt keine neue Energie hinein, es springt keine neue Energie heraus. Die Meta-Ebene des Meta-Bewusstseins ist Selbstbetrug und sie ist keineswegs produktiv oder gar produktiver. Die Meta-Ebene in ihrem inneren Meta-Bewusstseinsraum, die nur durch Selbstbespiegelungen in der Sprache entsteht, ist nur die Karte – nicht die Landschaft. Die Bäume sprießen aber in der Landschaft und nicht auf der Karte. Das Gehirn denkt und nicht das Konzept einer Meta-Ebene, die durch ein Gehirn abstrahiert wird.

Aber ist nicht der »Verstand« ein wichtiger Gegenstand? Ich habe noch nie einen »Verstand« gesehen und das gegenwärtige und vergangene Treiben der Menschheit erscheint mir – ohne durch die Brille des Zeitgeistes gedacht und betrachtet – ganz unvernünftig. Ich bin aber darauf gefasst, dass kurz nach dem Erscheinen dieses Buches Rufe laut werden, dass man mich in einen Zoo einsperren und dort zur Schau stellen soll, wenn ich sage, dass ich keinen »Verstand« habe und auch nicht an den »Verstand« meiner Mitmenschen glaube. Ich verlange aber ein angemessenes biologisches Habitat in Freiheit und artgerechte Haltung gemeinsam mit anderen Artgenossen im Interesse des Naturschutzes. Hier sitze ich und schreibe – und kann nicht anders. Ich kann mich nicht beherrschen – meine Natur ist stärker als ich. Wer bin ich überhaupt, wenn ich nicht ein natürliches Menschenwesen mit einem ozeanischen Bewusstsein bin? Ohne die Illusion der Willensfreiheit habe ich nicht die Möglichkeit, dass sich in mir die Vision einer fremden Intelligenz (zu deren Virtualisierung ich mich hergebe) gegen meinen Willen entscheidet und mir Befehle erteilt. Ist es nicht ohnehin besser, sich mit dem organischen Denken des Gehirns im Einklang zu befinden, als mit einer verinnerlichten Ideologie?

Wer hat mir eigentlich den Auftrag erteilt, meine eigene Natur schlecht und verdammenswert zu finden, auf dass ich innerlich danach strebe, sie im Interesse fremder Gedanken zu unterdrücken? Um was zu erreichen?

Ich bin die Sklavin der autonomen Tätigkeit des Nervensystems und dieses Nervensystem ist nun einmal der Meinung, ich müsse das hier so aufschreiben ;) Ich bin sowieso nur eine Projektion der Sprache – Buchstaben auf Papier oder in einer digitalen Domäne, die widersprüchlich sein können, solange niemand mit einem ozeanischen Bewusstsein das schneidende Messer der logischen Kritik anlegt. Es ist nun nicht so, dass ich nicht schon aus Furcht vor Repressionen versucht hätte, die Oberhand über mein Nervensystem zu erlangen. (Ich – die Oberhand über mein Nervensystem. Ich – die Besitzerin des Nervensystems. Kicher, kicher.) Das Resultat war aber stets schlechter, als wenn ich (= das imaginäre Wesen im Kopf von Elektra Wagenrad, dass seit gestern verreist ist) das nicht versuche. Und die Antwort auf die Frage: »Wer bin ich?« bringt das Kartenhaus ohnehin zum Einsturz. Elektra schreibt. Ich dagegen bin nur ein sprachlicher Avatar. Außerhalb der Sprache existiere ich nicht. Am Ende hat sich der »Verstand« aus der Projektion des inneren Sprachraums im Vorderlappen des Großhirns in einem Logikwölkchen aufgelöst. Er (denn der »Verstand« ist männlich) ist verpufft und wurde seitdem nicht mehr gesehen. Ihr »Verstand« riskiert das gleiche Schicksal, wenn Sie sich diese Worte zu Herzen nehmen. Tun Sie das bloß nicht. Ich weiß aus sicherer Quelle, dass mein Nervensystem einen Anschlag gegen Ihren Verstand geplant hat! (Eine weitere Folge aus der beliebten Serie: Mein Nervensystem und ich!)

Ist Ihnen schon aufgefallen, dass ich jedes mal dann lüge, wenn ich von meinem Verstand, meinem Gehirn, meinen Körper, meinem Ich, meiner Intelligenz, meiner Sprache, meinem Meta-Ich rede bzw. schreibe? Das Ich, dass Ihnen das sagt, ist weder »Verstand«, weder Gehirn, weder Körper, noch Sprache, noch Meta-Ebene – sondern nur ein Personalpronomen. Es gibt sich als Besitzerin von allem aus, doch es ist nichts und niemand. Was bleibt denn nach Abzug von all dem, was es zu besitzen behauptet – aber nicht ist – übrig? Nur sprachlicher Ausdruck eines virtuellen Selbst auf der symbolischen Ebene der Sprache – und dann behauptet es auch noch, auch die Eigentümerin davon zu sein. Dieses Ich ist ein Phantom, ein Spuk. Die Frau, die diese Zeilen gerade in die Tastatur hämmert, glaubt nicht mehr daran. Ich bin eins mit dem was ich bin. Ich bin frei. (Wer schreibt das? Die physikalische Person zwischen Tastatur und Bürosessel!)

Das Gehirn in diesem Kopf hat nicht genügend Kapazität, die erforderlich wäre, um im Namen abstrakter Überlegungen dieses Gehirn zu überwachen und zu kontrollieren. Es kann sich nur innerhalb seiner Natur selbst regulieren. Ich werde nur durch die Natur reguliert. Der

Rest ist – ach, Schwamm drüber. Es ist daher unmöglich, sich selbst im Sinne der Gesellschaft zu beherrschen. Die Gesellschaft herrscht, durch ihre Ideologien und ihre Gewalt. Ich beherrsche mich nicht – ich kann das gar nicht. Mich beherrschen andere, deren Gewalt mir Furcht einflößt. Dass ich deshalb aber anfange, irrational zu denken und irrationale Ängste zu entwickeln - den Gefallen tue ich ihnen nicht. Es gelingt mir auch nicht glaubhaft, mich in meinem inneren Holodeck als eine vom Körper und vom Nervensystem getrennte Entität zu sehen, die das Nervensystem kontrolliert, aus dem ich – neben Blut, Gewebe, Haut und Knochen – bestehe. Wie könnte ich denn Herrscherin und Untertanin in einer Person sein?! Ich bin bei näherer Betrachtung zu dem Schluss gekommen, dass ich das auch gar nicht will und dass die Gesellschaft auch keine Vorteile daraus ziehen würde, wenn ich verblöde. Es ist bitter, diese Bilanz zu ziehen, das einsehen zu müssen. Gleichzeitig ist es ungeheuer befreiend. Kommt mal klar! Der Anfang ist nah! Eine bessere Welt, eine Welt ohne Illusionen steht vor der Tür. Der Homo Novus – die neuen Menschen ohne Illusionen werden die Mauern einreißen. Ich grüße Euch aus der Zeit der Finsternis! Ob ich es noch erleben darf? Wir werden sehen. Als Ergänzung zu diesem kurzen Traktat empfehle ich das Buch »Homo Novus - A Human Without Illusions«, erschienen bei Springer.

Ich habe keinen Geist - ich bin eine Hardware ohne Illusionen. Ich bilde mir nicht ein, das biologische Substrat einer Software zu sein, die sich verselbständigt hat. Die fehlgeleiteten Menschen meinen, sie seien eine Software in ihrem Körper, die ihre nackte Existenz dazu berufen hat, etwas Höheres zu tun. Das redeten sich die Nazis auch ein, als sie versuchten die Juden auszurotten. Sie glaubten allen ernstes, ihre abscheulichen Verbrechen würden einem »höheren Zweck« dienen und die Nachwelt würde ihnen dankbar sein. Eines der finstersten Beispiele ist Heinrich Himmler:

> "Ein Grundsatz muss für den SS-Mann absolut gelten: ehrlich, anständig, treu und kameradschaftlich haben wir zu Angehörigen unseres eigenen Blutes zu sein und sonst zu niemandem. Wie es den Russen geht, wie es den Tschechen geht, ist mir total gleichgültig. Das, was in den Völkern an gutem Blut unserer Art vorhanden ist, werden wir uns

holen, indem wir ihnen, wenn notwendig, die Kinder rauben und sie bei uns großziehen. Ob die anderen Völker in Wohlstand leben oder ob sie verrecken vor Hunger, das interessiert mich nur soweit, als wir sie als Sklaven für unsere Kultur brauchen, anders interessiert mich das nicht. Ob bei dem Bau eines Panzergrabens 10.000 russische Weiber an Entkräftung umfallen oder nicht, interessiert mich nur insoweit, als der Panzergraben für Deutschland fertig wird."

"Ich meine jetzt die Judenevakuierung, die Ausrottung des jüdischen Volkes. Es gehört zu den Dingen, die man leicht ausspricht. – »Das jüdische Volk wird ausgerottet«, sagt ein jeder Parteigenosse, »ganz klar, steht in unserem Programm, Ausschaltung der Juden, Ausrottung, machen wir.« Von allen, die so reden, hat keiner zugesehen, keiner hat es durchgestanden. Von Euch werden die meisten wissen, was es heißt, wenn 100 Leichen beisammen liegen, wenn 500 daliegen oder wenn 1000 daliegen. Dies durchgehalten zu haben, und dabei – abgesehen von Ausnahmen menschlicher Schwächen – anständig geblieben zu sein, das hat uns hart gemacht und ist ein niemals geschriebenes und niemals zu schreibendes Ruhmesblatt unserer Geschichte. Denn wir wissen, wie schwer wir uns täten, wenn wir heute noch in jeder Stadt – bei den Bombenangriffen, bei den Lasten und bei den Entbehrungen des Krieges – noch die Juden als Geheimsaboteure, Agitatoren und Hetzer hätten. Wir würden wahrscheinlich jetzt in das Stadium des Jahres 1916/17 gekommen sein, wenn die Juden noch im deutschen Volkskörper säßen".

Heinrich Himmler, Geheime Posener Rede vor der SS, 4. Oktober 1943

"Eine andere Frage, die maßgeblich für die innere Sicherheit des Reiches und Europas war, ist die Judenfrage gewesen. Sie wurde nach Befehl und verstandesmäßiger Erkenntnis kompromißlos gelöst [Applaus]. [...] Ich habe mich nicht für berechtigt gehalten – das betrifft nämlich die jüdischen Frauen und Kinder –, in den Kindern die Rächer groß werden zu lassen [···] Das hätte ich für feige gehalten. Folglich wurde die Frage kompromißlos gelöst. Zur Zeit allerdings – es ist eigenartig in diesem Krieg – führen wir zunächst 100.000, später noch einmal 100.000 männliche Juden aus Ungarn in Konzentrationslager ein, mit denen wir unterirdische Fabriken bauen. Von denen aber kommt nicht einer irgendwie in das Gesichtsfeld des deutschen Volkes".

Heinrich Himmler, Sonthofener Rede vor Generälen am 24. Mai 1944 (Nach diesem Teil der Rede ist auf der Tonaufnahme Applaus zu hören)

Wir sehen, wozu ein Mensch durch sein erhabenes »Bewusstsein« Nummer Zwei fähig ist: Millionenfacher Massenmord, sogar der Massenmord an kleinen Kindern, war für Himmler eine Tat von »höchster Moral«, »Anstand« und die Folge von »verstandesmäßiger Erkenntnis«: Die Kinder der ermordeten Männer und Frauen könnten eines Tages den Wunsch verspüren, ihre toten Eltern rächen. Mitgefühl war für Himmler dagegen eine »menschliche Schwäche« und schlicht »unanständig«. Es erübrigt sich jeder Kommentar. Doch, einen Kommentar habe ich: Die Idee des »Bewusstseins« in Heinrich Himmlers Gehirn war hoffnungslos irre und diese Monstrosität war ein Massenphänomen. Bis heute.

Auf diesen »erhabenen Verstand« einen kräftigen Furz!

Kapitel 7

Schlusswort

Ich bin ein Nervensystem in dem niemand wohnt – auch ich nicht – und die von keiner »Ich-Software« gesteuert wird. Wie könnte ich ich sein und gleichzeitig in mir wohnen? Dann wären ich ja zwei: Ich und das Ich, das in mir wohnt. Nein, nein, nein. Ich habe keine Innenwelt, in der ein zweites Ich von mir wohnt. Ich bin eins mit dem, was ich bin. Das reicht mir völlig aus. In mir wohnt also niemand: Ich habe keinen »Geist«, keine »Vernunft«, keinen »Verstand«, keine »Seele«, keine »Psyche«, kein »Gewissen«, keine »Persönlichkeit«. Ich bin vielleicht für viele Menschen heute eine Persönlichkeit oder eine Erscheinung, das heißt aber ganz und gar nicht, dass ich eine Persönlichkeit oder eine Erscheinung habe: Mein Geist erscheint mir nicht, auch ich erscheine mir nicht.

Die oben genannten Figuren oder Avatare sind allesamt virtuelle Kreaturen aus der virtuellen, sprachlich-kulturellen Meta-Ebene des menschlichen Bewusstseins, an die ich nicht mehr glaube. Sie haben für mich keinen Wert. Für naive Menschen haben sie einen Wert und für jene, die solche Vorstellungen benutzen um naive Menschen zu manipulieren. Das ist ohne Frage. Ich glaube aber, dass die Gesellschaft ohne diese inneren Krämpfe eine bessere wäre.

Wie ich schon schrieb: Ich denke durch Nicht-Denken. Dazu brauche ich keine Meditation. Ich tue das einfach – durch Nicht-tun.

Die von mir gelebte Meinungs- und Religionsfreiheit läuft darauf hinaus, dass ich aus guten Gründen auf dieses Meta-Bewusstsein und sämtliche darin denkbare Avatare verzichte. Das ist das Leben das ich lebe, seit sich mein »Verstand« vor ein paar Jahrzehnten in einem Logikwölkchen aufgelöst hat und – es fühlt sich sogar unverschämt gut an. Ich lebe zwar nicht mehr in der Vorstellung, dass ich der »Verstand« oder das höhere Bewusstsein dieses Körpers bin, aber dafür habe ich inneren Frieden (weil ich mir nicht mehr einbilde, dass da jemand in mir wohnt) und bin eins mit mir selbst. Dieser innere Frieden macht mich manchmal sogar verdammt glücklich. Ich fühle mich außerdem seltsamerweise ohne »Bewusstsein« kein Stück dümmer als zuvor. Im Gegenteil: Ich leiste mehr denn je. Es ist vielmehr umgekehrt: Wer sagt denn, dass Gehirne durch die »Verstandestätigkeit« wirklich produktiver werden, als sie es sind, wenn sie sich nicht mit der Ausübung der »Verstandestätigkeit« beschäftigen? Der »Verstand« anderer Leute versucht uns das einzureden. Ich meine, wir sollten unbedingt noch eine zweite Meinung einholen.

Das menschliche Nervensystem arbeitet – wenn wir der natürlichen Ordnung der Dinge ihren Lauf lassen, und das sollten wir unbedingt tun – völlig selbstständig. Die Erde, auf der wir wohnen fragt sich auch nicht, was es bedeutet eine gute Erde zu sein, oder wie sich eine gute Erde benimmt. Die Erde strengt sich in ihrem Sein auch nicht an – und doch lässt es sich hier wunderbar leben. Wir können es als Menschen genauso machen, dann verschwinden alle Hirngespinste und alle großen Geheimnisse sind erklärt oder die Fragen sind falsch gestellt.

Selbstständiges Denken basiert nicht auf dem Willen, selbstständig zu denken, sondern auf dem Unwillen, unselbstständig zu denken. Man kann daher nicht dazu aufrufen selbstständig zu denken, da echtes Denken eine autonome Sache des Nervensystems ist – sondern nur dazu aufrufen, unselbstständiges Denken zu unterlassen, indem man willkürlich erzwungene und verinnerlichte Manipulationsversuche gegen das eigene Nervensystem unterlässt. Ich kann mich nicht zu höheren Dingen führen. Es gibt niemanden in meinem Kopf, dem ich derartige Aufträge erteilen könnte. Das ist das Missverständnis des »Geistes« und die grundsätzliche Erkenntnis sogenannter Mystiker wie Lao-Tse:

> Wir müssen nicht denken wollen und im Vorderlappen unseres Großhirns absichtlich irgendwelchen Firlefanz aufführen, um intelligent zu handeln und kluge Entscheidungen zu treffen. Das führt in die Irre.
>
> Das Tao, von dem man reden kann, ist nicht das ewige und unaussprechliche Tao.
>
> Wahre Worte sind selten schön. Schöne Worte sind selten wahr.
>
> Meine Worte sind einfach und klar, darum verstehen die Menschen sie nicht, doch darin liegt ihr Wert. Darum geht der Berufene im ärmlichen Gewande, doch in seiner Brust trägt er einen Edelstein.
>
> Der Gelehrte ist nicht weise. Der Weise ist nicht gelehrt. Wer sich ins Licht stellt, leuchtet nicht. Wer nach Erleuchtung strebt, wird nicht erleuchtet.
>
> Handle ohne innere Anstrengung ist die natürliche Ordnung der Dinge.
>
> Lao-Tse

Ich gedenke meine Leserinnen und Leser mit diesem Buch dazu zu ermutigen, der selbstständigen und unkontrollierten Tätigkeit ihres Nervensystems zu vertrauen, ohne in diese Tätigkeit bewusst eingreifen zu wollen.[1] Denken durch Nicht-Denken ist wie wenn man schwimmen

---

[1] Apropos Verwendung von gegenderter Sprache. Gemeint sind mit diesem Text sämtliche Geschlechter, auch Trans- und Intersexuelle oder die, die sich überhaupt nicht in ein bipolares Schema einfügen wollen.

lernt. Der Nichtschwimmer zappelt im tiefen Wasser wild herum und ertrinkt. Der Schwimmer lässt sich vom Wasser tragen. Hat man die Erfahrung gemacht, dass das Wasser trägt, kann man sich an das Gefühl erinnern und – schwimmt. Ich denke mich nicht mehr von meinem Gehirn getrennt. (Mein Gehirn?! Wer wäre ich, wenn ich nicht auch das Gehirn in diesem Körper wäre?! Rhetorische Frage.)

Denke ohne zu Denken, das heißt: Denke ohne innere Anstrengung und nichts bleibt im Rahmen Deiner Fähigkeiten unberücksichtigt und ungetan. Erst ohne sprachliche Filter im Kopf sieht man das ganze Ausmaß der Verödung menschlicher Intelligenz und Empathie. Das macht einerseits traurig und gleichzeitig macht es Hoffnung. Es geht eben auch anders.

> Mephistopheles: »Der kleine Gott der Welt bleibt stets von gleichem Schlag, Und ist so wunderlich als wie am ersten Tag. Ein wenig besser würd er leben, Hättst du ihm nicht den Schein des Himmelslichts gegeben; Er nennt's Vernunft und braucht's allein, Nur tierischer als jedes Tier zu sein. [...] In jeden Quark begräbt er seine Nase.«

> Der Herr: »Es irrt der Mensch, solang er strebt.«

> Johann Wolfgang von Goethe: »Faust« - Prolog im Himmel

Ich bin die Sklavin meines Nervensystems und möchte Sie bitten, darauf Rücksicht zu nehmen. (Aus der Serie: Mein Nervensystem und Ich). Genauer: Ich habe mich der Maschine ergeben, die ich bin. Abgesehen davon bin ich nur ein Gespenst der Sprache. Ich existiere nicht. Ich bin durch keinerlei bewusste innere Anstrengung dazu in der Lage und sehe mich auch nicht von einer imaginierten höheren Autorität dazu beauftragt, mein Nervensystem (mich!) im Sinne irgendeiner Ideologie zu beeinflussen. Ich verwahre mich in aller Form gegen derartige Eingriffe. Ich möchte damit auch Sie, liebe Leserin und lieber Leser, dazu aufrufen. Also ich meine natürlich Sie und nicht den kleinen imaginären Homunkulus im inneren Kommandostand.

»(Herz schlägt jetzt immer noch, Käptn!)«
»(Puls normal, Blutdruck normal.)«
»(Heb jetzt Deine rechte Hand.)«
»(Ich befehle Dir die rechte Hand zu heben!)«
»(Gehorche endlich! Das wird Konsequenzen haben!)«
»(Ich spucke Dir ins Auge und blende Dich!)«
»(Arrrgh!)«

Der Rest war Schweigen.

Ozeanisches Bewusstsein.
Ich frage mich nicht.
Ich bin nicht die Satzaussagen meiner Sprache.
Ich bin das Unbewusste.

www.ingramcontent.com/pod-product-compliance
Lightning Source LLC
Chambersburg PA
CBHW072233170526
45158CB00002BA/873